Lionel Boudouin Tamtchoun
Abdoul Wahabou
Prosper Samba Koukouare

ENGENHARIA DE PERFURAÇÃO

Lionel Boudouin Tamtchoun
Abdoul Wahabou
Prosper Samba Koukouare

ENGENHARIA DE PERFURAÇÃO

Conceção e planeamento de perfurações petrolíferas

ScienciaScripts

Imprint

Any brand names and product names mentioned in this book are subject to trademark, brand or patent protection and are trademarks or registered trademarks of their respective holders. The use of brand names, product names, common names, trade names, product descriptions etc. even without a particular marking in this work is in no way to be construed to mean that such names may be regarded as unrestricted in respect of trademark and brand protection legislation and could thus be used by anyone.

Cover image: www.ingimage.com

This book is a translation from the original published under ISBN 978-3-8416-1432-2.

Publisher:
Sciencia Scripts
is a trademark of
Dodo Books Indian Ocean Ltd. and OmniScriptum S.R.L publishing group

120 High Road, East Finchley, London, N2 9ED, United Kingdom
Str. Armeneasca 28/1, office 1, Chisinau MD-2012, Republic of Moldova, Europe
Managing Directors: Ieva Konstantinova, Victoria Ursu
info@omniscriptum.com

Printed at: see last page
ISBN: 978-620-8-39697-8

Copyright © Lionel Boudouin Tamtchoun, Abdoul Wahabou, Prosper Samba Koukouare
Copyright © 2024 Dodo Books Indian Ocean Ltd. and OmniScriptum S.R.L publishing group

ÍNDICE DE CONTEÚDOS

RESUMO

Este documento descreve o programa de perfuração do poço Dokety-1 (A4-1). Trata-se de um poço de exploração desviado na Bacia de Doba, no Chade, cujo objetivo é intersectar 2 alvos: Kedeni e Mangara, localizados a profundidades de 9576,44 pés e 9037,4 pés, respetivamente. Para realizar este estudo de forma eficiente, foram utilizados os softwares de engenharia de perfuração Halliburton Landmark e E-RedBook para conceber o programa de perfuração. O trabalho foi realizado seguindo um processo de conceção preciso: em primeiro lugar, desenhámos a trajetória de perfuração utilizando o software COMPASS, depois o programa de revestimento foi desenvolvido utilizando o software StressCheck e CasingSeat, tendo em conta todos os piores cenários possíveis que poderiam desestabilizar o revestimento, incluindo o golpe de aríete para a resistência à rutura e a perda de fluido de perfuração para a resistência ao esmagamento. Seguiu-se a conceção do programa de cimentação, da lama de perfuração e da ferramenta de perfuração. ™Finalmente, foi efectuada uma estimativa detalhada do tempo e do custo de perfuração utilizando o software WellCost . Foi obtido um tipo de perfuração desviada "Build and Hold". Esta será efectuada em 4 fases: Batimento do condutor (diâmetro 20", grau H-40, profundidade da sapata 213,36 pés), secção de superfície (diâmetro 13 3/8", grau K-55, profundidade da sapata 2.296,6 pés, ferramenta TMT 17 1/2"), secção intermédia (diâmetro 9 5/8", grau N-80, profundidade da sapata 8.208,7 pés, ferramenta PDC 12 1/4") e secção de produção (diâmetro 7", grau N-80, profundidade da sapata 11.056,4 pés, ferramenta PDC 8 1/2"). Além disso, outros componentes de hardware do sistema de perfuração foram dimensionados para garantir um bom desempenho da plataforma: Pressão de funcionamento do BOP (5.200 psi), um guincho de 1.290,6 HP, 3 bombas de lama de 1.102,7 HP, 1.456,89 HP de potência de rotação e uma torre de 45,5 m de altura. Por fim, foi efectuada uma estimativa da duração e do custo da perfuração. Esta revelou que a perfuração do poço Dokety-1 demoraria 33,39 dias a um custo total de **$6**.150.216.

Palavras chave: Tubo, sapata, grau, ferramenta, perfuração desviada, lama.

INTRODUÇÃO GERAL

Desde o início da corrida ao ouro negro, em 1859, até aos dias de hoje, a procura de combustíveis fósseis não parou de aumentar (Lavoisy, 2022). Com as reservas a esgotarem-se a um ritmo acelerado de dia para dia, as empresas petrolíferas e os governos criam regularmente programas de exploração com o objetivo de encontrar novas reservas para satisfazer a procura cada vez maior de combustíveis fósseis. Nesta perspetiva, a Companhia Nacional Chinesa de Petróleo (CNCP), em parceria com o Estado do Chade, lançou um projeto de perfuração em terra na região de Logone Oriental, no Chade. O projeto consiste na construção de um poço de exploração desviado na bacia de Doba. Esta operação exige um investimento importante e apresenta riscos para o pessoal presente no local, razão pela qual um estudo aprofundado e um planeamento meticuloso são da maior importância para garantir a segurança do pessoal e concluir os trabalhos com um custo mínimo.

O ambiente em que um poço de petróleo deve ser construído é um verdadeiro desafio, dadas as muitas restrições a enfrentar e a multiplicidade de variáveis a ter em conta para atingir os objectivos pretendidos em segurança e ao menor custo possível. A falta de planeamento, ou a falta de um planeamento adequado, pode constituir uma desvantagem para as operações, conduzindo a uma falta de segurança para o pessoal do local, a atrasos na conclusão e a custos anormalmente elevados.

O principal objetivo desta investigação é conceber um programa de perfuração detalhado para um poço desviado capaz de atingir o alvo em segurança, e estabelecer o orçamento do projeto.

Para atingir este objetivo, foram estabelecidas metas específicas:

- Seleção óptima da plataforma e do equipamento principal de perfuração;
- Conceber um programa de lamas adequado ;
- Estabelecer um programa de revestimento e cimentação em conformidade com os objectivos do projeto;
- Planeamento da trajetória de perfuração ;
- Avaliar a duração e o custo global do projeto e elaborar um orçamento.

Este documento está estruturado em três capítulos, com uma introdução geral e uma conclusão geral. O primeiro capítulo aborda os aspectos gerais da conceção de um programa de perfuração. O segundo capítulo trata do equipamento e dos métodos utilizados para efetuar este trabalho e, finalmente, o terceiro capítulo trata dos resultados obtidos com este trabalho e da sua interpretação.

Capítulo I: GERAL

Introdução

O planeamento de poços é uma área da engenharia de perfuração que, com base em inúmeras variáveis, formula um programa de perfuração com um determinado número de caraterísticas (segurança, custo mínimo, longa vida útil da estrutura). Esta operação é uma das mais exigentes da engenharia de perfuração. Requer a integração de princípios de engenharia, filosofia empresarial e factores de experiência (Neal, 2006). Embora os métodos e práticas de planeamento possam variar dentro da indústria de perfuração, o resultado final deve ser um poço perfurado com segurança e a um custo mínimo que satisfaça os requisitos dos engenheiros de reservatório e de produção. Este capítulo irá, portanto, apresentar em pormenor cada um dos mecanismos que compõem um sistema de perfuração moderno, bem como o método geral de conceção de um programa de perfuração para um poço desviado.

I.1 Definição e princípio da perfuração

A perfuração é uma técnica utilizada em vários domínios da engenharia (engenharia do petróleo e do gás, engenharia civil, engenharia mineira, etc.). No sector do petróleo e do gás, trata-se de escavar um poço no solo com uma coluna de perfuração, com o objetivo de atingir rochas porosas e permeáveis do subsolo, susceptíveis de conter hidrocarbonetos líquidos ou gasosos. Nas fases finais antes da produção, esta técnica elimina ou reduz muitas incertezas sobre a prospeção, a presença de hidrocarbonetos, a sua natureza e o volume das reservas. No entanto, podem subsistir dúvidas sobre a rentabilidade, a forma do depósito e a homogeneidade das suas caraterísticas. Por conseguinte, é necessário perfurar vários poços em diferentes locais do reservatório, para melhor delinear o depósito e escolher os melhores locais para futuros poços de produção. Estes poços adicionais constituem o programa de avaliação, no final do qual se decide se o depósito deve ser explorado ou abandonado. (Azar, 2020).

I.2 Sistemas de plataformas de perfuração

Embora existam diferentes tipos de plataformas de perfuração, estas partilham muitas semelhanças, na medida em que as tarefas que realizam são idênticas. Nas plataformas de perfuração modernas encontram-se normalmente cinco sistemas: o sistema de energia, o sistema de elevação, o sistema rotativo, o sistema de circulação e o sistema de controlo do poço. A figura 1 mostra os principais componentes de uma plataforma de perfuração (King, 2020).

1 O bloco da coroa
2 O mastro
3 A tábua dos macacos
4 O bloco móvel
5 O gancho
6 O pivô
7 A mangueira rotativa
8 A Kelly
9 Bucha Kelly
10 Casquilho principal
11 O buraco do rato
12 O buraco do rato
13 O guincho de elevação
14 O indicador de peso
15 A consola de perfuração
16 O posto de controlo
17 A mangueira rotativa
18 A bateria
19 A ponte pedonal
20 A rampa da haste
21 O suporte de barras
22 A subestrutura
23 A linha de retorno da lama
24 O crivo vibratório
25 O coletor do estrangulador
26 O separador de gás de lamas
27 O desaerador
28 O poço de reserva
29 Fossas de lamas
30 O desarenador
31 O dessecante
32 Bombas de lamas
33 A linha de descarga das lamas
34 Armazenamento de lamas residuais
35 A casa de lama
36 O depósito de água
37 Armazenamento de combustível
38 Motores e geradores
39 A linha de perfuração

Figura 1Os componentes de uma plataforma de perfuração (King, 2020)

- **O sistema de alimentação**

Fornece energia aos outros sistemas principais da plataforma e a outros sistemas auxiliares, como bombas, motores, etc. O modo de transmissão de energia na plataforma pode ser mecânico, elétrico de corrente contínua (DC) ou elétrico de corrente alternada (AC), (King, 2020).

- **O sistema de circulação**

Este é o sistema que permite que o fluido de perfuração ou lama circule para baixo através da coluna de perfuração oca e para cima através do anel entre a coluna de perfuração e o poço. É um sistema contínuo de bombas, linhas de distribuição, tanques de armazenamento, poços de armazenamento e unidades de limpeza que permite que o fluido de perfuração atinja os seus principais objectivos (King, 2020).

- **O sistema rotativo**

É o sistema que faz rodar a coluna de perfuração e, por conseguinte, a broca no fundo do furo. Esta função é assegurada por uma mesa de rotação (num sistema Kelly) ou por um top-drive. Note-se que as funções do kelly, do casquilho kelly, do casquilho principal e da mesa de rotação numa plataforma com um top-drive são asseguradas pelo top-drive (King, 2020).

- **O sistema de elevação**

Este sistema efectua a maior parte do trabalho na plataforma. É utilizado para elevar, baixar e suspender a coluna de perfuração, bem como para suspender a coluna de revestimento através de um guincho (Drawworks).

- **O sistema de controlo do poço ou o sistema de prevenção de rebentamento**

Este é o sistema que impede a libertação descontrolada e catastrófica de fluidos de alta pressão (petróleo, gás ou água) das formações subterrâneas. Estas libertações descontroladas de fluidos de formação são designadas por blowouts. O sistema consiste essencialmente num BOP e em acumuladores de fluidos pressurizados. O BOP é o principal componente do sistema de controlo do poço. É acionado hidraulicamente. Os fluidos pressurizados são utilizados para acionar os macacos e os cilindros para abrir ou fechar as válvulas de fecho. Os acumuladores são utilizados para armazenar um gás não explosivo sob pressão e fluidos hidráulicos para operar os sistemas hidráulicos na plataforma. (King, 2020).

I.3 Os componentes de um programa de perfuração

Um programa de perfuração é um conjunto estruturado de informações que descreve o procedimento a seguir e os valores das diversas variáveis a ter em conta na perfuração. Pode ser subdividido em 5 componentes principais: O programa de lamas, o programa de revestimento, o programa de cimentação, o programa de ferramentas de perfuração e o programa de controlo do poço.

I.3.1 Lama de perfuração

O fluido de perfuração, também conhecido como lama de perfuração, é uma mistura de água, óleo, argila e vários produtos químicos. Este fluido desempenha uma série de funções, incluindo o transporte de aparas, o arrefecimento da broca e da coluna de perfuração, o controlo da pressão da formação, etc. Devido à sua densidade, a lama de perfuração é capaz de exercer pressão hidrostática nas paredes do poço para impedir a entrada de fluido. (Faridah, 2021). Esta pressão pode ser superior à dos fluidos de formação (perfuração desequilibrada) ou inferior (perfuração desequilibrada). Existe um intervalo de pressão de lama para o qual as paredes do poço permanecerão estáveis durante a perfuração: é a "janela de lama". Caracteriza-se por um limite inferior e um limite superior que dependem da estabilidade mecânica (estabilidade mecânica do poço, tensões in situ e pressão dos poros) do poço, bem como de vários outros requisitos técnicos (Wolfgang, 2016).

I.3.2 Tubagem

O custo do revestimento representa uma proporção significativa do orçamento de perfuração. Por conseguinte, o planeamento adequado das profundidades de instalação do revestimento e a seleção do revestimento são essenciais para obter um poço seguro e rentável. O projeto do revestimento deve ter em conta os efeitos das alterações de pressão e temperatura que podem ocorrer em qualquer altura ou profundidade durante a perfuração ou operação do poço. Para cada um dos regimes de tensão, devem ser efectuados cálculos para estabelecer que existe uma margem de resistência adequada na coluna de revestimento a todas as profundidades. A informação necessária para a conceção do revestimento inclui: pesos de lama, pressões da formação, gradientes de fracturação, profundidades da sapata do revestimento, direção de perfuração, programa de cimentação e perfil de temperatura. Uma coluna de revestimento é geralmente composta por (Kilian, 2007) :

- **Um tubo condutor:** com um diâmetro que varia entre 20 e 36", a sua função é proteger as formações superficiais não consolidadas, vedar as zonas de águas pouco profundas e proteger a fundação da plataforma.
- **Revestimento de superfície:** O seu diâmetro varia entre 24" e 17" e a sua função é evitar o colapso de formações soltas encontradas a pouca profundidade e isolar o lençol freático. É de notar que a profundidade a que o revestimento de superfície é colocado é frequentemente determinada pela política do governo ou da empresa e nem sempre é selecionada por motivos técnicos.
- **Tubo de** revestimento **intermédio:** Este tubo de revestimento é puramente técnico, uma vez que deve ser capaz de controlar pressões de formação anormais, formações argilosas

inchadas, perdas de circulação ou zonas de colapso. Os diâmetros do revestimento intermédio variam entre 9" e 17 1/2". Este revestimento suporta o BOP e, posteriormente, a cabeça do poço de produção final.

- **Tubo de produção:** Tem um diâmetro entre 5" e 9 5/8" e é utilizado para isolar as zonas de produção e assegurar o controlo do fluido do reservatório.
- **O revestimento:** Para reduzir os custos, o revestimento de produção instalado por vezes não chega à superfície, mas termina na secção anterior. Este tipo de configuração de revestimento é designado por liner. Este é montado num "liner hanger" instalado na coluna de revestimento anterior.

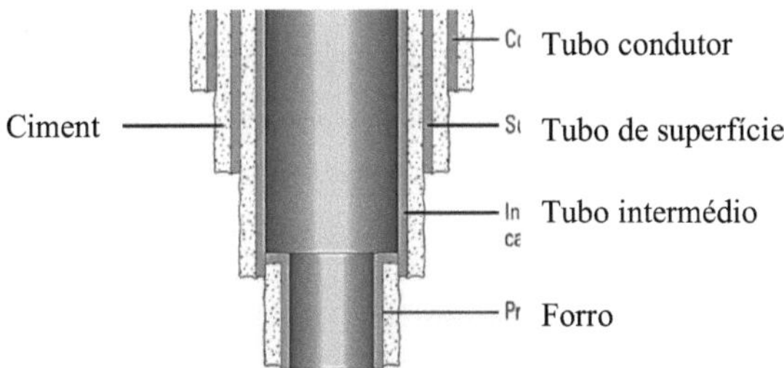

Figura 2 Estrutura de um poço revestido e cimentado (Nelson, 2011)

I.3.3 Dimensionamento do invólucro

O dimensionamento do revestimento é uma operação complexa que consiste em selecionar tubos com caraterísticas adequadas para assegurar a integridade do poço a longo prazo. Esta operação é efectuada em 3 fases principais: Determinar a profundidade da sapata, selecionar o diâmetro do tubo e selecionar o tipo de aço para cada secção de revestimento.

I.3.3.1 Profundidade de colocação de tubos

Em geral, o cálculo das profundidades de instalação do revestimento começa no fundo do poço. Depois de determinar as dimensões do furo a ser perfurado e aplicar o peso de lama correspondente, assume-se um kick e a profundidade de instalação do revestimento é calculada para uma pressão de kick que pode fraturar a formação. Como mencionado anteriormente, a profundidade de instalação do revestimento de superfície é normalmente determinada por regulamentos governamentais ou locais. Até agora, a determinação das profundidades de instalação do revestimento baseava-se apenas nos gradientes de fratura das diferentes formações e nos pesos de lama das diferentes secções. As formações a serem perfuradas também influenciam a determinação da profundidade de instalação do revestimento. Na prática, um revestimento é normalmente colocado numa formação competente (Kilian, 2007).

I.3.3.2 Seleção do diâmetro do revestimento

O diâmetro do revestimento depende das propriedades dos fluidos susceptíveis de serem encontrados no reservatório e da taxa de fluxo. A escolha do diâmetro do revestimento é geralmente feita a partir da secção mais estreita do poço em direção às secções superiores. O primeiro passo é determinar o diâmetro do revestimento de produção e depois deduzir o diâmetro das outras secções com base na norma API (Wolfgang, 2016).

I.3.3.3 Seleção do tipo de revestimento

O grau do revestimento definido pelo API corresponde à qualidade do aço e é função da sua resistência mecânica. Para eliminar qualquer risco de falha do revestimento, é essencial avaliar as cargas às quais os revestimentos podem ser submetidos (rutura, esmagamento, tração) para fazer uma escolha óptima do grau. Para calcular a pressão de rebentamento e de colapso para a qual o revestimento deve ser projetado, a pressão diferencial (pressão externa - pressão interna) é determinada assumindo os piores cenários (Wolfgang, 2016).

- **Determinação da pressão de rotura**

Para determinar a pressão de rebentamento, assumimos um "coice" ou golpe de aríete. Isto significa que a pressão de rutura mais elevada deve estar no topo do revestimento e a mais baixa nas sapatas (porque a pressão hidrostática no anel contrabalança a pressão de rutura).

$$P_b = P_f.F \tag{1}$$

Com :

P_b : pressão de rutura (psi) ;
P_fPressão máxima prevista da formação para perfurar a secção seguinte (psi) ;
F: Fator de segurança.

- **Determinação da pressão de esmagamento**

Para determinar a pressão de esmagamento, assume-se que a lama no interior do revestimento é perdida numa formação abaixo, numa formação fracturada. A pressão de esmagamento é, portanto, devida à pressão hidrostática do fluido fora do revestimento e é, portanto, máxima na sapata do revestimento e zero na cabeça do revestimento.

$$P_c = 0.052.\rho_m.D.F \tag{2}$$

Com :

P_c pressão de esmagamento ;

D: Profundidade ;
ρ_m densidade da lama de perfuração ;
F: Fator de segurança.

- **Determinação da carga axial**

As forças de tração que actuam sobre o revestimento são devidas ao seu peso, às forças de flexão e aos impactos durante a aterragem. É de notar que, para poços altamente desviados, a aterragem do revestimento só é possível quando este está parcial ou totalmente vazio. Neste caso, o revestimento está fechado na sapata e o seu interior não está cheio de lama. Isto cria uma flutuabilidade tal que o revestimento pode ter de ser forçado a entrar no poço. O ponto de flutuabilidade da coluna de revestimento é dado da seguinte forma:

$$P_a.g.h.(D^2ext - D^2int).\frac{\pi}{4} = \rho m.g.h.D^2ext.\frac{\pi}{4} \quad (3)$$

$$\rho a.(D^2ext - D^2int) = \rho m.D^2ext \quad (4)$$

Com :

ρ_a = densidade do aço (ppg) ;
ρ_m = densidade da lama de perfuração (ppg) ;
D_{ext} = diâmetro externo do revestimento (ft) ;
D_{int} = diâmetro interno do tubo de revestimento (ft).

Uma vez calculadas as caraterísticas mecânicas do revestimento, o seu grau pode ser facilmente determinado através da leitura direta do manual do perfurador.

I.3.4 Programa de cimentação

A cimentação de um poço de petróleo ou gás envolve a injeção de um fluido de cimentação pela coluna de perfuração ou pelo revestimento até uma secção predefinida do anel do poço. O próprio fluido de cimentação contém geralmente água, cimento portland e vários aditivos. A composição atual varia de uma aplicação para outra. As funções dos vários trabalhos de cimentação diferem em função dos objectivos e da técnica aplicada (Wolfgang, 2016) :

- **Cimentação primária:** isola a formação de hidrocarbonetos de outras formações e proporciona uma vedação firme e uma âncora para o equipamento da cabeça do poço;
- **Cimentação do revestimento:** É utilizado para cobrir uma secção aberta no poço;
- **Cimentação por compressão:** Esta técnica consiste em forçar um fluido de cimentação pressurizado numa área confinada do poço no anel para corrigir um trabalho de cimentação primário defeituoso;
- **Cimentação do obturador:** Interrompe a produção de água no fundo do poço e ajusta o obturador para fornecer um assento para as ferramentas direcionais.

I.3.5 O programa de montagem da ferramenta de perfuração e do fundo do poço

A seleção da broca é geralmente uma tarefa bastante delicada, mas quando é realizada corretamente, tem um grande impacto na duração e no custo total do poço.

I.3.5.1 Tipos de brocas

Existem vários tipos de brocas, cada uma caracterizada por uma forma e um mecanismo de funcionamento particulares e por um tipo específico de material constituinte.

- **Bits de rolos tricónicos**

A ação de corte desta broca pode ser descrita da seguinte forma: quando a broca roda no fundo do furo, os dentes são pressionados contra a formação e aplicam uma força que excede a resistência da rocha à compressão (Azar, 2020). As vantagens das brocas de tricone rolantes em relação às brocas fixas são :

- Suportam condições de perfuração difíceis;
- São menos dispendiosos do que os bits fixos;
- São mais sensíveis às variações de pressão e, por conseguinte, um melhor indicador da pressão de formação.

- **Brocas de diamante**

Não têm partes móveis e podem perfurar secções de furo muito longas quando as condições de perfuração adequadas são estabelecidas. O seu tempo de perfuração em formações duras e abrasivas é mais elevado (Wolfgang, 2016). Existem vários tipos de brocas de diamante:

- **Brocas de diamante policristalino:** Estas são feitas de diamantes termoestáveis fabricados industrialmente que são montados diretamente na matriz da broca.
- **Brocas de diamante natural:** Estas brocas podem perfurar as rochas mais duras (maior resistência à compressão), mas perfuram mais ou menos lentamente e são muito caras. Por esta razão, são utilizadas em formações muito duras e abrasivas que destruiriam outros tipos de brocas em distâncias de perfuração muito curtas (Baaziz, 2014).

- **Brocas de cauda de peixe:** Este tipo de brocas é aplicável apenas a formações moles, onde estabelecem o progresso da perfuração raspando a rocha. As suas vantagens são o facto de requererem baixas taxas de bombagem e serem pouco dispendiosas.

- **Lâminas** triplas: Estas são mais frequentemente utilizadas em formações muito moles e pegajosas, onde as ferramentas tri-cónicas perdem a sua eficácia. É importante não exercer demasiada pressão sobre as lâminas triplas, caso contrário, obter-se-á um furo "helicoidal". Para obter furos cilíndricos, é aconselhável efetuar operações de varrimento frequentes.

- **Brocas:** As brocas, que têm uma estrutura em forma de anel com diamantes naturais ou industriais, são utilizadas para a perfuração. A perfuração com estas ferramentas deixa uma coluna de rocha no meio da broca, que é recuperada por um dispositivo chamado "corer".

O princípio da classificação e seleção da ferramenta de perfuração é apresentado nos apêndices 1 e 2.

I.3.6 Controlo de poços e prevenção de blowout

Durante as operações de perfuração, uma bolsa de fluido pressurizado é por vezes interceptada, resultando geralmente num fluxo de fluido da formação para o poço: isto é conhecido como um "kick". Um blowout, por outro lado, é um fluxo descontrolado de líquido ou gás para dentro do poço. Os influxos de fluidos podem ter várias origens (Wolfgang, 2016) :

- Uma perda de circulação que provoca uma queda da pressão hidrostática;
- Perfuração de um horizonte a uma pressão anormalmente elevada com lamas de baixa densidade ;
- Uma redução da pressão hidrostática durante o esfregaço;
- Fluido de perfuração insuficiente no poço após a remoção dos tubos de perfuração.

Para evitar a ocorrência de um blowout, é essencial detetar a entrada de fluido o mais cedo possível. Particularmente em poços perfurados em zonas onde a pressão da formação é anormalmente elevada, os vários parâmetros para detetar a entrada de fluido devem ser observados continuamente. Estes parâmetros são (Samba, 2018) :

- Aumento do volume da fossa;
- Um aumento do caudal de retorno das lamas de perfuração;
- As lamas regressam mesmo quando as bombas estão paradas;
- Um aumento do teor de cloretos nas lamas.

Note-se que alguns destes parâmetros são suficientes, por si só, para identificar um influxo de fluido (por exemplo, o aumento de volume no poço). Quando é detectado um afluxo de fluido à superfície, é utilizado um dispositivo chamado Blowout Preventer (BOP) para interromper o fluxo de fluido do poço. Para cobrir todos os cenários possíveis e controlar diferentes situações de entrada de fluido, são montados diferentes tipos de BOP na cabeça do poço para formar uma "pilha de BOP".

I.4 Perfuração direcional e controlo de desvios

Diz-se que um poço é direcional quando segue uma trajetória predefinida para atravessar alvos específicos. O princípio consiste em desviar a broca de forma controlada. Os vários métodos utilizados para direcionar o poço podem ser classificados como mecânicos e hidráulicos. A técnica mecânica consiste em exercer uma força lateral adequada para desviar a ferramenta; este método utiliza deflectores, conjuntos de fundo de poço e motores de fundo de poço com um dispositivo de flexão. O método hidráulico, por outro lado, requer a utilização de uma broca de jato dirigido. A água ou a lama de perfuração é bombeada através de um jato orientado na direção desejada. O jato é a técnica mais adequada para formações não consolidadas onde a resistência à compressão é relativamente baixa (Farah, 2013).

I.4.1 Cálculo da trajetória do poço

Para começar a planear um poço direcional, é necessário desenhar a trajetória do furo para atingir um determinado alvo. A primeira coisa a fazer é selecionar o desenho mais económico para o perfil de perfuração direcional.

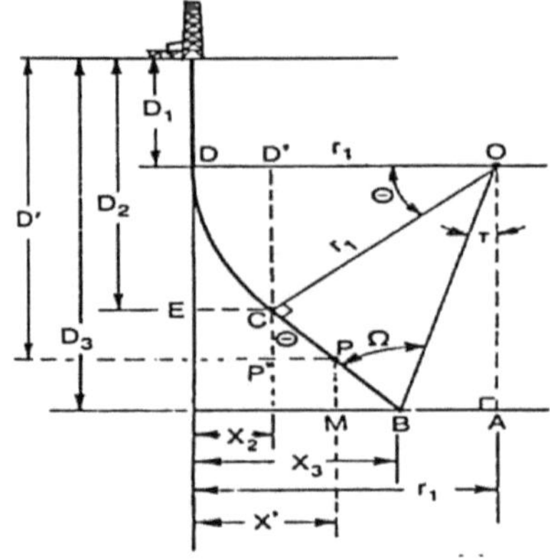

Figura 3 Geometria de uma trajetória de perfuração direcional do tipo J (Wolfgang, 2016)

Os parâmetros que caracterizam um perfil são determinados através das seguintes equações:

- Raio de curvatura :

$$r_1 = \frac{180}{\pi}\left(\frac{1}{q}\right) \tag{5}$$

Com :

q : taxa de inclinação da curvatura (°/ft) ;

- Ângulo de inclinação máximo

$$\theta = \sin^{-1}\left(\frac{r_1}{\sqrt{(r_1 - X_3)^2 + (D_3 - D_1)^2}}\right)\tan^{-1}\left(\frac{r_1 - X_3}{D_3 - D_1}\right) \qquad (6)$$

Com :

D_1 profundidade do ponto de arranque (ft) ;
D_3 profundidade total da primeira curva (construção), (ft) ;
X_3 distância horizontal (ft) ;
r_1 raio de curvatura (ft) , em que $X_3 < r_1$;
θ Ângulo de inclinação máximo (°).

- Profundidade e desvio horizontal ao longo da curvatura (Acumulação) :

$$(D_i)_{Build} = D_1 + \frac{\theta_i}{q} \qquad (7)$$

$$(X_i)_{Build} = r_1(1 - \cos\theta_i') \qquad (8)$$

Com $\theta_i'=\theta$ no final da curva.

$$\theta_i' = \sin^{-1}\left(\frac{D_i}{D_1 - r_1}\right) \qquad (9)$$

Com :

i D : Profundidade vertical no ponto i ao longo da curvatura (construir) e da secção reta (espera) (ft).

- Profundidade e espaçamento horizontal da secção reta do poço :

$$(D_i)_{Hold} = D_1 + \frac{\theta}{q} + \frac{D_i - D_1 - r_1.\sin\theta}{\cos\theta}$$
(10)

$$(X_i)_{Hold} = r_1(1 - cos\theta) + (D_i - D_1 - r_1.sin\theta)tan\theta \qquad (11)$$

Com :

D_1 profundidade do ponto de arranque (ft) ;
D_3 profundidade total da primeira curva (construção), (ft) ;
X_3 distância horizontal (ft) ;
r_1 r aio de curvatura (ft) ;
θ Ângulo de inclinação máximo (°).

Conclusão

O objetivo deste capítulo foi dar uma introdução geral ao sistema de perfuração numa plataforma de perfuração e aos elementos envolvidos no processo de conceção de um programa de perfuração para um poço desviado. No final deste capítulo, todos os conceitos essenciais para a conceção do nosso programa de perfuração são conhecidos e servirão de base no Capítulo 2 para estabelecer o método de conceção do programa de perfuração para o poço Doketi-1 (A4-1).

Capítulo II: MATERIAIS E MÉTODOS

Introdução

No capítulo anterior, demos uma visão geral das técnicas utilizadas na indústria de perfuração para planear os poços. O planeamento de um poço de petróleo é uma operação complexa que exige competências multidisciplinares. A implementação de um plano de perfuração segue geralmente um método que varia de acordo com os objectivos da perfuração, o tipo de perfuração, a informação disponível e o contexto em que é realizada. Este capítulo centrar-se-á na descrição de todas as ferramentas que utilizámos para implementar este trabalho. Apresentaremos também em detalhe o método que adoptámos neste trabalho para atingir cada um dos objectivos estabelecidos.

II.1 Equipamento

O material utilizado para realizar este trabalho é constituído por um conjunto de ferramentas informáticas e documentos:

- **O manual de perfuração (Schlumberger i-Handbook)**

Este livro eletrónico permite-lhe calcular e selecionar rapidamente as caraterísticas dos elementos de que necessita (cálculo do volume de cimento, seleção dos invólucros em função das suas caraterísticas API, etc.).

- **A proposta de poço da CNPC (China National Petroleum Corporation)**

É um documento que se elabora quando há uma proposta de perfuração de um poço. Este documento contém os dados necessários para planear a operação de perfuração. Inclui : A localização do poço a perfurar, o tipo de poço, o seu objetivo, as caraterísticas da formação a perfurar, etc.

- **Um computador portátil**

Esta é a nossa principal ferramenta de trabalho e foi essencial para nós obter uma máquina de alto desempenho (Toshiba Core i5, 8GB de RAM, 1TB ROM) para garantir que pudéssemos utilizar da melhor forma as potencialidades do software e escrever este relatório.

- **Microsoft Office Excel**

Trata-se de um programa de folha de cálculo do pacote Microsoft Office. Este software permitiu-nos organizar os nossos dados e resultados em forma de tabela e efetuar cálculos de forma rápida e precisa.

- **Software MudWare**

Este é um pacote de software de engenharia de perfuração desenvolvido pela M-I SWACO. Trata-se de uma coleção de programas de engenharia relacionados com lamas de perfuração e perfuração. Este software contém a maioria dos cálculos geralmente utilizados no terreno aquando da perfuração e conclusão de poços.

- **E-RedBook da Halliburton**

Este software da Halliburton é utilizado para efetuar um grande número de cálculos para operações de perfuração e completação, bem como conversões. É uma ferramenta essencial em situações de planeamento operacional, permitindo uma seleção rápida do revestimento.

- **Software COMPASS™**

Trata-se de um software da indústria petrolífera utilizado para a conceção de poços desviados. Para além de definir a trajetória do poço, este software também permite a realização de análises anti-colisão e a orientação eficaz da broca para as zonas alvo. Desta forma, o software pode ser utilizado para conceber de forma eficiente as almofadas de poços, de modo a limitar a pegada das operações de superfície.

- **Software CasingSeat™**

Faz parte do conjunto de software Haliburton Landmark utilizado para determinar com exatidão as profundidades de instalação do revestimento. Permite a seleção rápida de leitos de revestimento com base na pressão dos poros, gradiente de fratura da formação e litologia.

- **Software Landmark StressCheck™**

Este é um pacote de software de conceção de invólucros utilizado para selecionar invólucros óptimos. O software inclui ferramentas de desenho gráfico e algoritmos que geram automaticamente soluções de custo mínimo, garantindo simultaneamente uma resistência mecânica óptima do revestimento.

- **Software WellPlan™**

Este software fornece o conjunto de ferramentas de engenharia de perfuração mais abrangente do sector. A sua utilização optimizada reduz o custo de conceção e planeamento dos poços, antecipando os riscos e perfurando mais rapidamente sem comprometer a operação.

o [TM]**Software WellCost**

Este software foi concebido especificamente para perfuração e acabamento e fornece ferramentas poderosas para desenvolver rapidamente estimativas de projectos de perfuração. O software gera automaticamente relatórios e gráficos para facilitar a análise e a apresentação dos resultados.

Figura 4 Processo de tratamento de dados e sequência de utilização das várias ferramentas

II.2 Abordagem metodológica

O fluxo de trabalho ilustrado na Figura 5 abrange todas as etapas necessárias para desenvolver um plano de poço. Este trabalho centra-se numa base de planeamento de poços definida pela API, que se destina principalmente a fornecer normas para a conceção e operação de poços, a fim de planear e construir o poço em segurança.

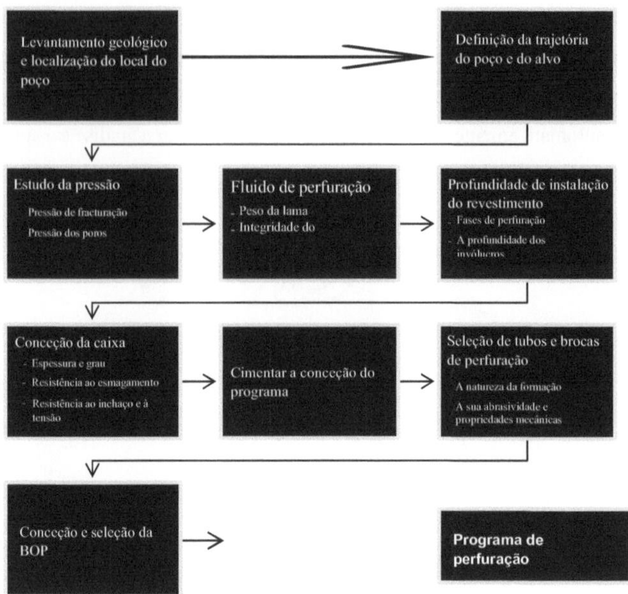

Figure 5 : Flux de travail pour la conception d'un programme de forage

II.2.1 Apresentação da zona de estudo

A bacia de Doba é uma das principais estruturas geológicas da grande bacia do Chade. [ee]Situa-se na região de Logone Orientale, no departamento de Pendé, entre o paralelo 13 norte e o meridiano 19 leste, nas coordenadas 8°40' norte e 16°51' leste. Os estudos geofísicos e geológicos efectuados nesta bacia revelaram a sua estrutura estratigráfica e dataram cada um dos horizontes que a constituem. Os trabalhos realizados por Louis (1970) mostram que esta bacia é constituída por vários horizontes, cada um dos quais foi implantado numa data muito precisa da sua história:

- 0 - 60 m: horizonte areno-argiloso do Quaternário ;
- 60 - 120 m: horizonte arenoso ;
- 120 - 200 m: Horizonte argiloso a argilo-arenoso ;
- 200 - 700 m: horizonte de arenito ;
- 700 - 1500 m: horizonte de marga do Cretácico ;
- 1500 - 4000 m: horizonte de arenitos do Cretácico ;
- 4.000 m: Base.

No final dos seus trabalhos, Louis (1970) elaborou um mapa geológico da bacia de Doba com base nos dados recolhidos durante as suas campanhas de reconhecimento geofísico e geológico. A figura 6 apresenta o mapa geológico da parte ocidental da bacia de Doba (Louis, 1970).

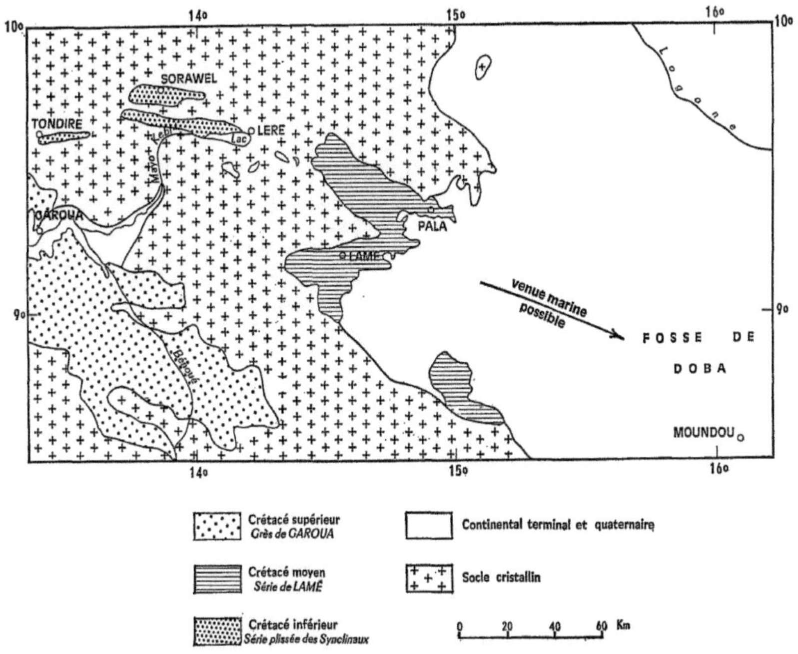

Figura 6 Mapa geológico da bacia de Doba (Louis, 1970)

Foi elaborado um perfil geológico norte-sul da bacia de Doba (Figura 7) com base no mapa geológico da bacia e nas informações fornecidas pelos furos de sondagem. Isto dá uma melhor ideia da disposição dos vários estratos na bacia e fornece informações valiosas para orientar futuras campanhas de exploração sísmica para identificar potenciais estruturas e armadilhas de hidrocarbonetos. (Louis, 1970).

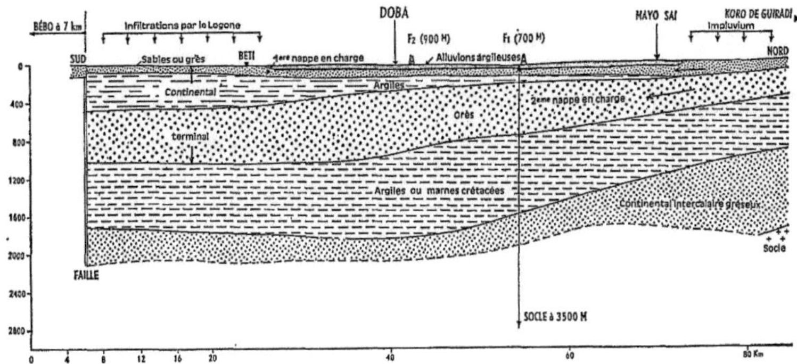

Figura 7 Perfil geológico norte-sul da Bacia de Doba (Louis, 1970)

II.2.2 Apresentação dos dados disponíveis

A execução de um plano de perfuração requer um mínimo de dados geológicos, históricos e técnicos. Este trabalho baseou-se nos dados fornecidos pela CNPC (China National Petroleum Corporation) para a construção de um poço de desvio (Doketi-1) na bacia de Doba para fins exploratórios. Estes dados foram fornecidos numa "Proposta de Poço", um documento que é elaborado quando se planeia uma perfuração. Os dados e as indicações técnicas do programa de perfuração estão agrupados em 4 na Proposta de Poço:

- Dados de base do projeto ;
- Especificações técnicas e requisitos de qualidade ;
- Engenharia de conceção ;
- Indicações da HSE.

Os dados de base utilizados neste trabalho são apresentados nos apêndices 3 e 4.

II.2.3 Conceção da trajetória do poço e definição do alvo

Para atingir com precisão o alvo de perfuração, era essencial planear a trajetória de perfuração. O objetivo era definir uma trajetória óptima para o poço Doketi-1 (A4-1) que intersectasse os alvos predefinidos: Kedeni e Mangara a profundidades de 81.066,92 pés e 9.037,40 pés, respetivamente. O tipo de trajetória selecionado para atingir com precisão o nosso alvo é uma trajetória em "J" do tipo "Build and Hold". Este tipo de trajetória é o mais comum na indústria e consiste nas seguintes partes: Uma secção vertical, um ponto de Kick-off, uma secção de Build-up e uma secção de Hold que se estende até ao alvo. Os parâmetros geométricos utilizados para a sua definição são essencialmente :

- O raio de curvatura (R) ;
- O ângulo de inclinação máximo da secção oblíqua (θ) ;
- A altura e a largura da curvatura (D_2-D_1) e X_1 ;
- A altura e a largura da secção oblíqua (D_3D_2) e X_3.

TM Para realizar esta tarefa de forma eficiente, foram utilizados os dados disponíveis na Proposta de Poço e no software Compass. Os dados de entrada utilizados para definir a trajetória de perfuração são apresentados na Tabela 1.

Tabela 1 Localização dos objectivos

Profundidade (ft)	Comprimento medido do eixo (ft)	Formação	Coordenadas (m)	
			Leste	Norte
3592,51	3592,51	Kome Fm		
7204,92	7213,98	Doba	341669.43	997848.50
8106,69	8216,27	Kedeni Fm	341700.06	997690.68
9037,4	9384,12	Mangara Fm	341741.06	997479.71
9576,44	10078,12	Mangara 2	341802.57	997163.55
10054,79	10693,96	Mangara 3		

™Uma vez recolhidos os dados num livro Excel, estes foram introduzidos no programa Compass. O resultado foram gráficos e diagramas que ilustram a trajetória precisa do furo. A tabela no Anexo 3 mostra os resultados dos cálculos com base numa taxa de inclinação de 3°/100 pés. O fluxo de trabalho neste software pode ser resumido em 5 passos:

- Introduzir informações gerais sobre o poço e a sua localização ;
- Definir a posição do poço na localização criada ;
- Definição das coordenadas e da profundidade dos diferentes alvos ;
- Introdução de parâmetros de perfuração direcional, como a taxa de inclinação;
- Executar a simulação e apresentar os resultados.

™A figura 8 mostra a interface do ecrã principal do software COMPASS.

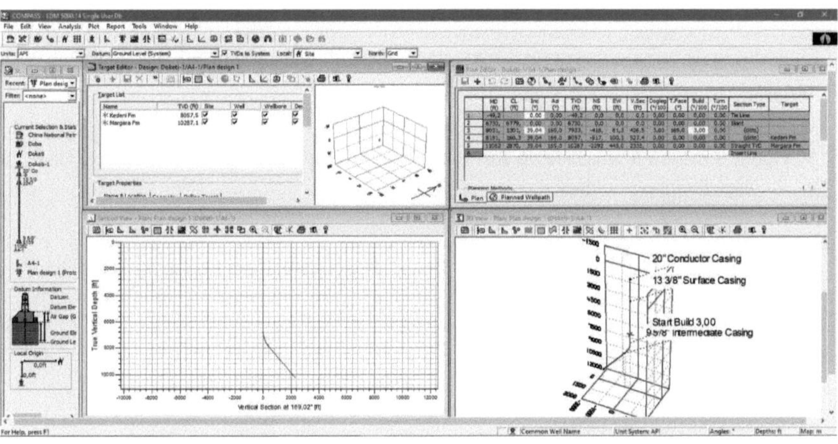

Figura 8 Interface do ecrã principal do software COMPASS™

II.2.4 Arquitetura do poço e programa de revestimento

A fase seguinte deste trabalho consiste no dimensionamento do revestimento, seleção e determinação das profundidades das sapatas de revestimento. Por outras palavras, nos passos seguintes, estimaremos as profundidades das sapatas de revestimento com base na pressão na formação e na natureza do terreno. Os graus de revestimento também serão determinados através da definição de cenários para as tensões mecânicas a que a coluna de revestimento pode estar sujeita.

II.2.4.1 Determinação da profundidade do casco

A determinação da profundidade das sapatas é uma fase crucial do programa de revestimento. Esta profundidade é geralmente função da litologia, uma vez que as formações instáveis constituem zonas de alto risco para a instalação do revestimento. No entanto, dada a pressão que pode ser encontrada nas formações ao longo do poço, ter em conta este parâmetro limitaria o risco de colapso do revestimento e asseguraria a integridade da estrutura a longo prazo.

TMPara atingir este objetivo, escolhemos o CasingSeat como a nossa ferramenta de conceção. Este software de engenharia de perfuração é utilizado para determinar a profundidade ideal de instalação do revestimento e para planear o programa de lamas de perfuração. TMO método de trabalho do CasingSeat pode ser resumido em 6 passos:

- o Introduzir informações gerais sobre a localização do poço ;
- o Definição da trajetória do poço ;
- o Introdução dos parâmetros de conceção e definição da litologia ;
- o Introdução da pressão dos poros, do gradiente de fracturação e do gradiente geotérmico ;
- o Executar a simulação e apresentar os resultados.

TM A Figura 9 mostra a interface do software CasingSeat utilizada para introduzir os dados e apresentar os resultados.

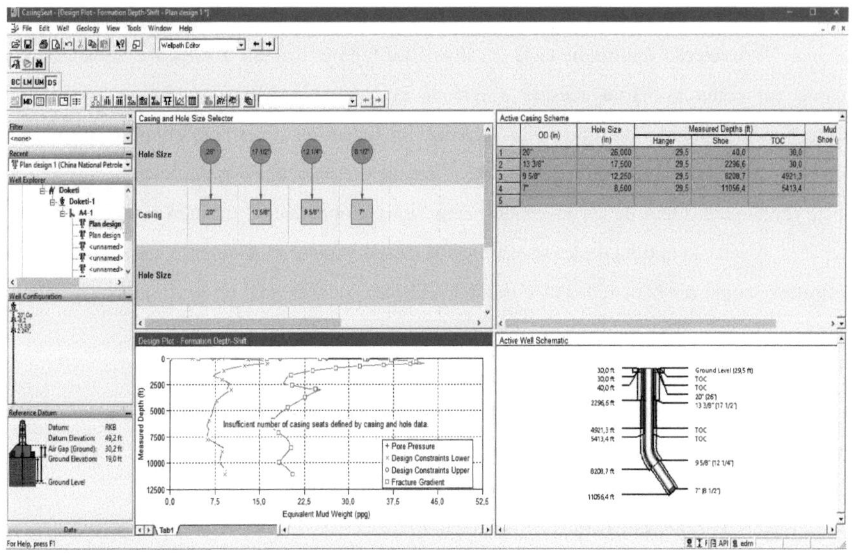

Figura 9 Janela de visualização principal do software CasingSeat™

™ Os resultados fornecidos pelo software CasingSeat após a execução da simulação permitiram-nos definir a profundidade de instalação do revestimento, conforme mostrado na

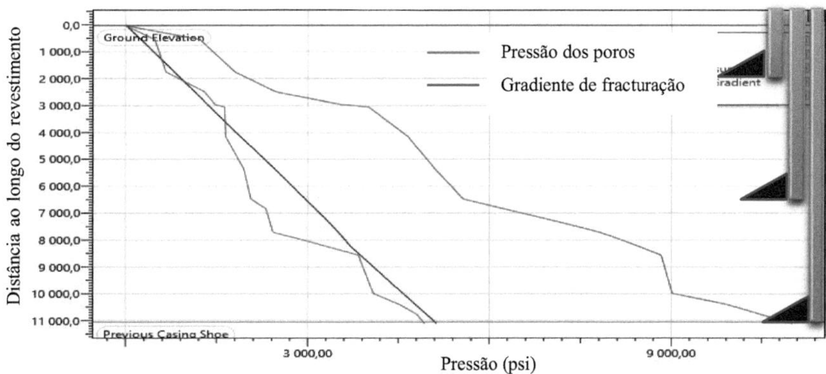

Figura 10.

Figura 10 Profundidade de instalação do revestimento em função da pressão de poro e de fratura

II.2.4.2 Determinação do grau de revestimento

TM A seleção óptima de cada invólucro foi feita utilizando o software StressCheck , tendo em conta as várias tensões a que os invólucros podem ser sujeitos: pressão de esmagamento, pressão de rutura e carga axial. As linhas seguintes apresentam o método de determinação das classes de revestimento. Consideraremos aqui o revestimento intermédio. Este revestimento terá de ser instalado numa "zona problemática" e estará sujeito a grandes tensões. A seleção óptima destes revestimentos não só garantirá a segurança e a integridade da estrutura, como também reduzirá consideravelmente o custo total da perfuração. (Zenabou, 2018).

Seleção do tipo de revestimento intermédio :

O tipo de revestimento selecionado dependerá das tensões a que será submetido. Uma vez determinados estes condicionalismos, resta apenas identificar o grau correspondente no Manual de Perfuração através de uma simples leitura.

- **Pressão de rebentamento :**

$$Pb = Pf \,.\, F \tag{1}$$

P_b (psi): pressão de rutura ;

P_f = 4254,74 psi: pressão de formação máxima prevista para a perfuração da secção seguinte;

F = 1,7 Fator de segurança ;

AN : P_b = 4254.74 × 1.7

$\boldsymbol{P_b}$ **= 7 233,058 psi**

- **Pressão de esmagamento :**

$$Pc = 0.052. \rho m. D. F \tag{2}$$

Pc (psi) : pressão de esmagamento ;

F = 1,37 : Fator de segurança ;

ρ_m = 10,02 ppg: densidade da lama de perfuração.

AN : P_c = 0,052 × 10.02 × 8208,7×1,37

$\boldsymbol{P_c}$ **= 5.859,57 psi**

- **Carga axial :**

$$Ft = 0{,}7854 \times (D^2ext - D^2int). \sigma. F \tag{4}$$

σ = 2209 psi : pressão mínima do revestimento lida no manual de perfuração ;

D_{ext} = 10,625 pol.: diâmetro externo do invólucro ;

D_{int} = 8,375 in: diâmetro interno do invólucro.

AN : F_t = 0,7854×(10,625 - 8,375) × 2209 × 2,98

F_t = 221.023,78 lbf

De acordo com o manual de perfuração, o revestimento de grau N-80 tem uma resistência ao esmagamento de 6.617,23 psi e uma resistência à rutura de 7.927,27 psi.

Aplicando o mesmo método para cada fase da tubagem, podemos determinar o grau de cada revestimento. Os valores calculados para cada revestimento e o seu grau são apresentados na Tabela 2.

Tabela 2 Quadro das classes de revestimento selecionadas em função das restrições

Nome	MD (ft)	Diâmetro externo (pol.)	Rebentamento (psi)	Esmagamento (psi)	Tensão axial (lbf)	Grau
Tubo condutor	0 - 40,0	20"	1533	515,47	1076706	H-40
Tubo de superfície	0 - 2296,6	13 3/8"	3763,04	2877,18048	1263938	K-55
Tubo intermédio	0 - 8208,7	9 5/8"	7 233,058	5 859,57	221 023,78	N-80
Aluguer de produção	0 - 11056,4	7"	7248,302	17199,6032	1485149	N-80

Como mencionado acima, o revestimento foi projetado utilizando o software StressCheck da Landmark. Este software incorpora métodos de conceção sofisticados que permitem a conceção de programas de revestimento fiáveis a um custo mínimo. Também fornece uma variedade de métodos automatizados para especificar tensões de rutura, tensões de esmagamento e cargas axiais realistas, permitindo a otimização do grau e das secções transversais do revestimento.

TM O fluxo de trabalho do software StressCheck pode ser resumido em 8 passos, desde a introdução de dados até à apresentação dos resultados:

- Entrada de pressão dos poros
- Entrada de pressão de fracturação ;
- Definição do protetor geotérmico e da temperatura à superfície ;

- Definição dos diferentes parâmetros que contribuem para o rebentamento, o esmagamento e a carga axial do invólucro;
- Seleção das caraterísticas do invólucro ;
- Definição do custo mínimo de um revestimento de aço K-55 ;
- Ajuste gráfico da resistência do invólucro a diferentes tensões;
- Visualizar resultados e exportar relatórios.

Estes diferentes parâmetros devem ser introduzidos para cada secção de revestimento, e o resultado é um relatório sobre a seleção óptima da classe de revestimento produzida a partir das informações introduzidas.

™A figura 11 mostra a interface de visualização principal do software StressCheck .

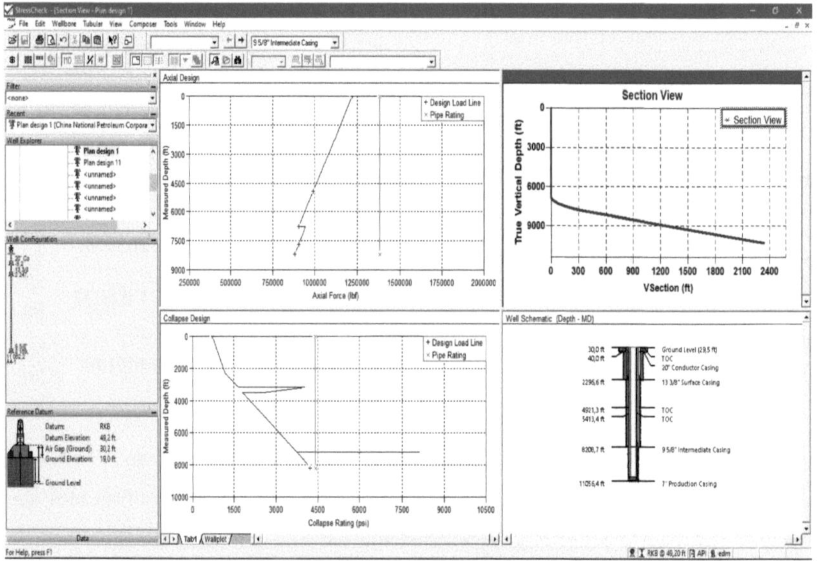

Figura 11 Janela principal de visualização do software StressCheck™

II.2.5 Cimentar a conceção do programa

Como todas as outras fases da construção de um poço, a cimentação é uma etapa delicada que deve ser planeada cuidadosamente para garantir a segurança e a integridade do poço. Conforme prescrito pelo API, a classe de cimento é selecionada de acordo com a profundidade. Uma vez conhecidas as profundidades da sapata do revestimento, tudo o que resta fazer é determinar as classes de cimento correspondentes através da leitura do manual de perfuração. Para minimizar o risco de fratura da formação, perda de circulação ou entrada de fluido, a densidade do fluido de cimentação deve ser a mesma que a do fluido de perfuração durante as operações de cimentação (Wolfgang, 2016).

II.2.6 Conceção do programa de fluidos de perfuração

O programa de lamas de perfuração é conhecido por ser uma fase muito crítica no processo de planeamento do poço. A densidade ou peso da lama de perfuração deve ser calculada tendo em conta a pressão dos poros e a pressão limite de fratura da formação. Uma pressão hidrostática na lama que seja inferior à pressão dos poros causará kicking (entrada de fluido), enquanto uma pressão hidrostática que seja superior à pressão limite de fracturação da formação causará perda de fluido e danos na formação. Para evitar a ocorrência destes problemas de perfuração, é essencial definir primeiro uma janela de lama de perfuração entre a pressão de fracturação e a pressão dos poros. Para determinar a pressão hidrostática ideal da lama de perfuração, traçámos a pressão dos poros e a pressão de fracturação em função da profundidade. A área entre a curva da pressão dos poros e a curva da pressão de fracturação corresponde à janela de lama. Uma curva adicional correspondente à variação da pressão hidrostática da lama de perfuração em função da profundidade é traçada. Esta última curva está mais próxima da curva de pressão dos poros, de modo a reduzir o risco de danificar a formação através da fuga de fluido (Enriquez, 2019).

Conhecendo a pressão hidrostática necessária, podemos determinar a densidade das lamas correspondente utilizando a equação 12 :

$$\rho_m = \frac{P_p}{0,052 \times Z} \tag{12}$$

Com :

ρ_m Densidade da lama de perfuração ;

Pp Pressão dos poros ;

Z: Altura da coluna de lama (ft).

O gráfico da Figura 12 mostra a janela de lama de perfuração determinada a partir da pressão hidrostática e da pressão de fracturação da formação.

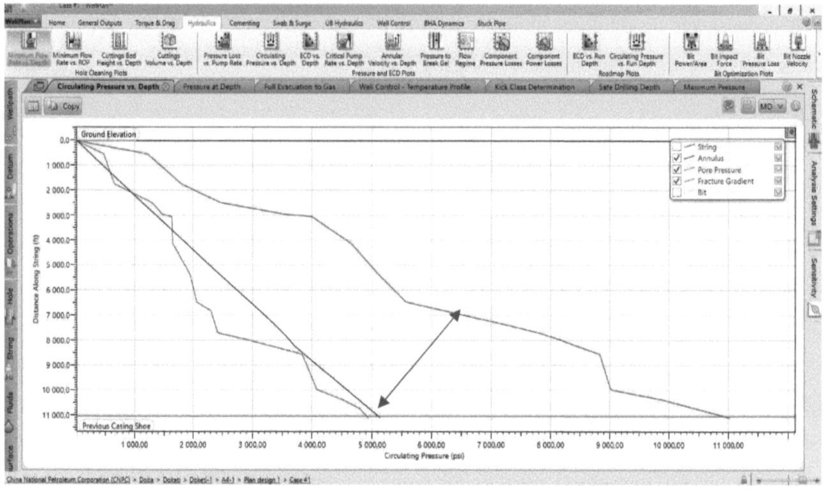

Figura 12 Representação gráfica da janela das lamas

II.2.7 Conceção do programa de ferramentas de perfuração

A broca é um dos elementos-chave numa operação de perfuração, uma vez que não só determina o diâmetro do furo, como também tem um grande impacto na velocidade a que a perfuração progride. A seleção óptima desta ferramenta é, portanto, vital para garantir que a perfuração progride de forma rápida e eficiente. A sua seleção dependerá principalmente das propriedades mecânicas das formações geológicas a perfurar (abrasividade, resistência ao corte, etc.).

Neste estudo, o tipo de broca foi selecionado com base em informações sobre a natureza geológica das formações através das quais o furo deveria passar (principalmente marga, argila, areia e arenito). O diâmetro da ferramenta foi selecionado com base no diâmetro externo de invólucros pré-determinados (Anexo 2).

II.2.8 Conceção do programa de controlo do poço

O programa de controlo do poço é a fase final do planeamento de um projeto de perfuração, garantindo a segurança da plataforma de perfuração e do pessoal no local. O equipamento de controlo do poço (BOP) está dividido em cinco classes de pressão:

2.000 psi, 3.000 psi, 5.000 psi, 10.000 psi e 15.000 psi. Para efeitos do presente trabalho, a pressão de funcionamento do BOP foi determinada com base na pressão máxima suscetível de ser encontrada no poço durante a perfuração (informação disponível na Proposta do Poço). Esta seleção foi feita tendo em conta a classificação da norma "Well Control Regulation of Oil and Gas Drilling (CNPC)" que é uma norma recomendada pelo Estado do Chade. De acordo com esta norma, a pressão de funcionamento do BOP deve ser pelo menos 10% superior à pressão máxima suscetível de ser encontrada durante a perfuração. Uma vez que a pressão máxima suscetível de ser encontrada é conhecida, determinámos a pressão de funcionamento do BOP adicionando 10% desta pressão, ou seja, um total de 5.280 psi.

II.2.9 Avaliação do tempo de perfuração

A estimativa do tempo de perfuração e de conclusão é uma variável que é regida por diferentes actividades durante a perfuração. Uma estimativa exacta do tempo de perfuração é necessária para a preparação de uma autorização de despesas (AFE). O tempo total de perfuração é estimado com base em vários factores: o tempo de perfuração, o tempo necessário para montar/desmontar a coluna de perfuração, o número de brocas e o tempo de ligação.

- **Tempo estimado de perfuração**

O tempo de perfuração é uma função da taxa de penetração (ROP) da broca na formação. Para uma determinada formação, a ROP é inversamente proporcional à resistência à compressão e ao cisalhamento da rocha. Além disso, a resistência da rocha tende a aumentar com a profundidade de enterramento (Hossain, 2015) .

- **Tempo estimado de montagem/desmontagem da coluna de perfuração**

Ao estimar o tempo de perfuração de um poço, um segundo componente importante do tempo necessário para perfurar um poço é o tempo necessário para montar e desmontar a coluna de perfuração; este é o tempo necessário para mudar uma broca e retomar as operações de perfuração. O tempo necessário para esta operação depende principalmente da profundidade do poço, do tipo de sonda e das práticas de perfuração adoptadas. Este tempo pode ser aproximado da seguinte forma (Hossain, 2015) :

$$t_t = 2\left(\frac{t_s}{L_s}\right)D_t \quad (13)$$

Com :

t_t Tempo de ligação/desligação (hr) ;

t_s Tempo necessário para manobrar um suporte de tubos de perfuração (h) ;

L_s Comprimento do suporte da haste (ft) ;

D_t Profundidade do poço.

TM Para efeitos do presente trabalho, o tempo de perfuração foi estimado utilizando o software WellCost. Este é um pacote de software concebido especificamente para estimar o tempo e o custo das operações de perfuração e completação. TMO software WellCost fornece ferramentas poderosas para produzir estimativas de projectos de perfuração de forma rápida e fácil. O procedimento para utilizar este software para estimar o tempo de perfuração pode ser resumido em 4 passos:

- Introduzir informações gerais sobre o projeto ;
- Definição da trajetória do poço, da litologia e do plano de revestimento ;
- Definição dos parâmetros de cálculo probabilístico (método de Monte Carlo) ;
- Definição das fases e actividades do programa de perfuração e respectiva duração.

TM A Figura 13 mostra a interface do software WellCost, a partir da qual foram definidas as fases, actividades e respectivas durações.

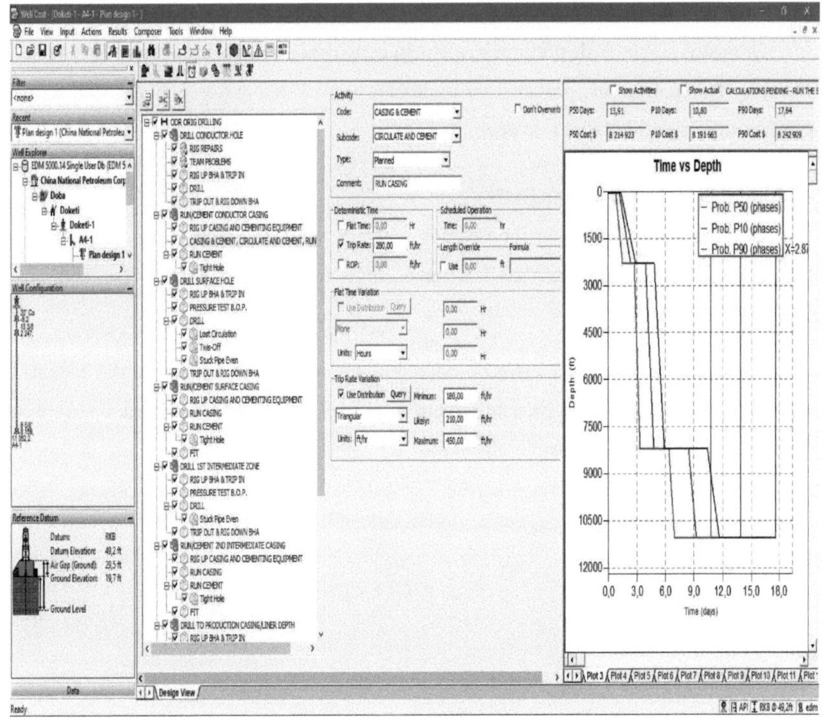

Figura 13 Interface do software WellCost^{TM}

II.2.10 Estimativa do custo da perfuração e elaboração de um orçamento

Uma estimativa exacta do custo da perfuração é essencial tanto para efeitos de orçamentação como para a elaboração de uma autorização de despesas (AFE) mais pormenorizada. As empresas devem, por conseguinte, fazer a melhor utilização possível dos fundos disponíveis. A subestimação dos custos do projeto pode levar a défices orçamentais e ao risco de atrasos, ao passo que a sobreavaliação pode resultar na atribuição incorrecta de fundos que poderiam ter sido utilizados noutros projectos.

Para efeitos do presente trabalho, os custos totais de perfuração incluem todos os elementos necessários à realização do programa de perfuração. No entanto, os custos de perfuração de poços podem ser subdivididos em duas classes, cada uma sujeita a regras fiscais diferentes. Os custos corpóreos e os custos incorpóreos (Kitchel et al., 1997).

- **Estimativa dos custos tangíveis :**

Os custos tangíveis de perfuração incluem geralmente o custo direto do equipamento de perfuração. Referem-se aos produtos utilizados no poço. Estes custos incluem : O custo do revestimento, o custo da cabeça do poço...

- **Estimativa dos custos intangíveis :**

Os custos de perfuração incorpóreos incluem um leque mais vasto de categorias: salários, levantamentos topográficos, ferramentas e materiais, mão de obra contratada, combustível, etc.

A estimativa do custo efetivo do poço é obtida através da integração dos tempos de perfuração e de conclusão previstos no projeto do poço. O tempo necessário para perfurar um poço tem um impacto significativo em muitos elementos da estimativa do custo do poço. O custo global do poço, excluindo a produção, é calculado da seguinte forma (Wolfgang, 2016) :

$$C_{owc} = C_f + C_o \tag{14}$$

Com :

C_{owc} Custo global do poço (\$/ft) ;

C_f Custo de perfuração por unidade de profundidade (\$/ft) ;

C_o Todos os outros custos tangíveis e intangíveis (\$/ft).

O custo de perfuração por unidade de profundidade é dado pela equação 15 :

$$C_f = \frac{C_b + C_r(t_d + t_c + t_t)}{\Delta D} \tag{15}$$

Com :

C_b Custo da broca (\$) ;

C_r Custo de funcionamento da plataforma por unidade de tempo (\$/hr) ;

t_d Tempo de rotação do bit (hr) ;

t_cTempo de paragem (hr) ;

t_t Tempo de montagem/desmontagem da coluna de perfuração (horas) ;

ΔD: Intervalo da formação perfurada (ft).

A equação acima tem vários pressupostos:

- Ignora os factores de risco associados às operações de perfuração, a taxa de inflação e os custos dos efeitos ambientais;
- Os resultados da análise de custos devem, por vezes, ser temperados por um juízo técnico.

™No âmbito deste trabalho, foi utilizado o pacote de software WellCost para estimar a duração e o custo da perfuração. Este software foi escolhido devido ao seu método de cálculo, que incorpora o método de Monte-Carlo. Este método refere-se a uma família de métodos algorítmicos concebidos para calcular um valor numérico aproximado utilizando processos aleatórios, ou seja, técnicas probabilísticas. O fluxo de trabalho neste software para estimar o custo de perfuração pode ser resumido em 6 etapas:

- Introduzir informações gerais sobre o projeto ;
- Definição da trajetória do poço, da litologia e do plano de revestimento ;
- Definição dos parâmetros de cálculo probabilístico (método de Monte Carlo) ;
- Definição das fases e actividades do programa de perfuração e respectiva duração ;
- Definição dos custos associados a cada elemento do programa de perfuração ;
- Simulação e visualização dos resultados.

™A Figura 14 mostra a interface do software WellCost utilizada para definir o custo de cada elemento do programa de perfuração.

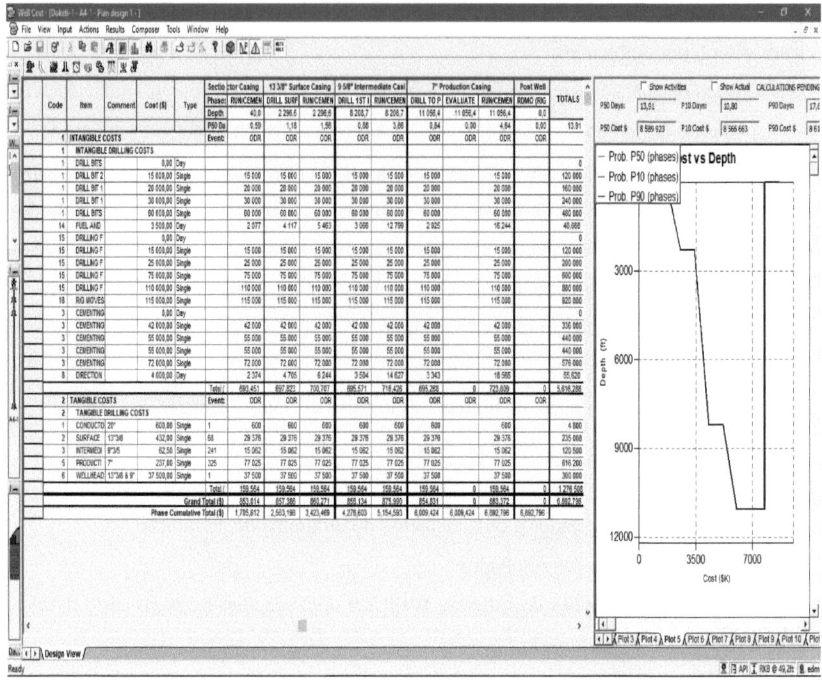

Figura 14 Janela de registo dos custos das componentes do programa de perfuração

Conclusão

Este capítulo apresenta o material utilizado neste trabalho e o método utilizado para atingir os objectivos iniciais. Foi demonstrado que o planeamento de poços é uma operação complexa que requer conhecimentos aprofundados de engenharia de perfuração. O desenvolvimento de um plano de perfuração fiável e a estimativa do seu custo implicam necessariamente a utilização de ferramentas informáticas, em particular software especializado da indústria petrolífera que incorpora dados históricos. A utilização eficiente das potencialidades deste software permitiria aos operadores da indústria petrolífera poupar tempo e recursos, obtendo simultaneamente uma excelente precisão no planeamento dos seus projectos.

Capítulo III: RESULTADOS E INTERPRETAÇÃO

Introdução

A aplicação dos métodos e técnicas descritos no capítulo anterior permitiu elaborar um programa de perfuração pormenorizado para o poço Doketi-1 e estimar a sua duração e custo. Assim, este capítulo apresentará os resultados obtidos, tanto do ponto de vista técnico como económico, e fornecerá uma interpretação e um comentário sobre cada resultado obtido.

III.1 Seleção da sonda e equipamento principal do sistema de perfuração

Neste trabalho, foram dimensionados três elementos principais do sistema de perfuração: o sistema de elevação, o sistema de circulação e o sistema de rotação.

- **O guincho de elevação**

O papel do guincho é fornecer a potência de elevação e de travagem necessária para elevar e baixar a coluna de perfuração e a coluna de revestimento. Para efeitos deste trabalho, a potência necessária do guincho foi determinada com base numa velocidade do bloco em movimento V_b = 590 pés/min, um peso no gancho W= 72.186,36 lb, e uma eficiência de potência do sistema E=1.

$$P_h = \frac{W.V_b}{33000.E} \tag{16}$$

P_h = 72186,3581×590/(33000×1)

$\boldsymbol{P_h}$ **= 1290,6 CV**

- **A bomba de lamas**

Atualmente, podem distinguir-se dois tipos de bombas de lamas: a bomba duplex e a bomba triplex, ambas equipadas com pistões alternativos. As bombas triplex são geralmente mais leves, mais compactas, mais fáceis de manter e menos dispendiosas do que as bombas duplex; estas foram as principais razões pelas quais este tipo de bomba foi selecionado para este programa de perfuração. A determinação da potência necessária da bomba foi, portanto, essencial para garantir a circulação e o transporte eficientes da lama e dos detritos. Esta foi determinada assumindo uma pressão de descarga Δp = 900 psi, e uma taxa de bombagem q = 2.100 gpm.

$$P_h = \frac{\Delta p.q}{1714} \tag{17}$$

$P_h = 900 \times 2100/1417$

$\mathbf{P_h = 1\ 102{,}7\ CV}$

- **O sistema de rotação**

A função do sistema rotativo é transmitir a rotação à coluna de perfuração e consequentemente rodar a broca. Vários parâmetros são utilizados para caraterizar este sistema, nomeadamente a potência de rotação, que vai determinar a capacidade do equipamento para rodar eficientemente a coluna de perfuração. A potência do sistema de rotação foi determinada tendo em conta a velocidade de rotação N = 200 rpm e a torção máxima da coluna de perfuração T = 38.243,34 ft-lb (Wolfgang, 2016).

$$P_r = \frac{T.N}{5250} \tag{18}$$

$P_r = 38\ 243{,}335 \times 200/5250$

$\mathbf{P_r = 1.456{,}89\ CV}$

Tabela 3 Resumo dos resultados da seleção da sonda

Caraterísticas	Valor
Tipo	Plataforma de perfuração em terra
Potência do guincho	1.290,6 CV
Potência de rotação	1.456,89 CV
Potência da bomba de lamas	Ph = 1 102,7 CV
Altura da torre	45,5 m
Carga máxima no gancho	3 150 KN

III.2 Arquitetura e trajetória do poço

A trajetória seguida por um poço é influenciada por uma série de factores, incluindo a presença de obstáculos e os objectivos da perfuração. A trajetória do poço Doketi-1 foi concebida para intersectar os diferentes alvos indicados na Proposta de Poço, respetivamente as formações geológicas Kedeni a uma profundidade de 8.216,27 pés (Alvo 1) e Mangara a uma profundidade de 9.384,12 pés (Alvo 2). O perfil do poço segue uma trajetória oblíqua "Build and Hold", o que lhe permite intersectar uma maior porção das zonas alvo em comparação com os poços verticais. TMA trajetória do poço Doketi-1 desenhada com o software COMPASS é mostrada na Figura 15.

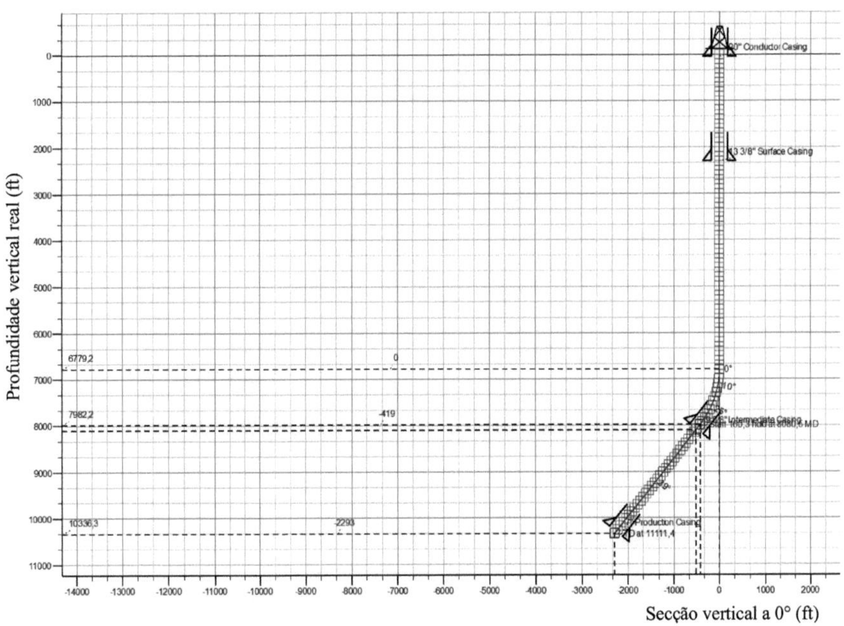

Figura 15 Trajetória do poço Doketi-1 (A4-1)

O perfil do poço do tipo "J" mostrado na Figura 15 consiste em 3 secções: Uma secção vertical até uma profundidade de 6.779,2ft; uma secção curva (Build) com uma taxa de inclinação de 3°/100ft que se estende até uma profundidade de 7.982,2ft; e uma secção inclinada (Hold) que se estende até à profundidade final de 10.336,3ft.

™A Figura 16 mostra a arquitetura do poço Doketi-1 concebida com o software e-RedBook da Halliburton. O poço Doketi-1 é constituído por 4 secções: um tubo condutor de 20", um revestimento de superfície de 13 3/8", um revestimento intermédio de 9 5/8" e um revestimento de produção de 7".

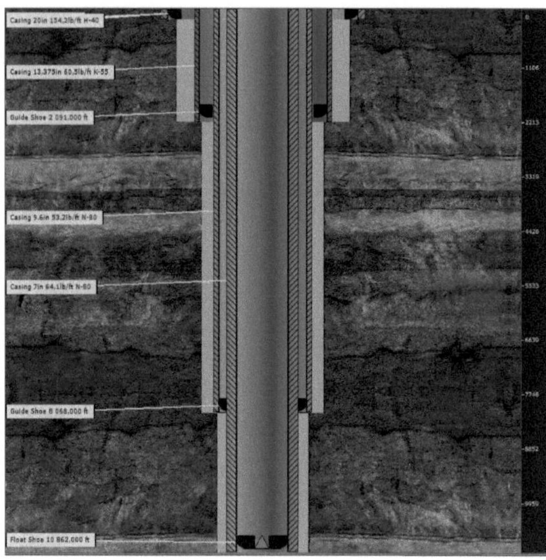

Figura 16 Arquitetura de Doketi-1

III.3 Programa de revestimento e arquitetura do poço

TM TMO programa de revestimento foi concebido utilizando o CasingSeat para determinar a profundidade da sapata e o StressCheck para determinar o grau do revestimento. O objetivo era conceber um programa de revestimento fiável a um custo mínimo que garantisse a integridade do poço a longo prazo.

III.3.1 Profundidade do casco

TM Na elaboração deste programa de revestimento, a profundidade das sapatas para cada secção de revestimento foi determinada tendo em conta a litologia e analisando as curvas de gradiente de fracturação e de poro-pressão geradas pelo software CasingSeat. A análise destas curvas revela a existência de aumentos bruscos do gradiente de fracturação a determinadas profundidades; estas profundidades correspondem a zonas óptimas de instalação do revestimento. A Figura 25 mostra as profundidades das sapatas de revestimento.

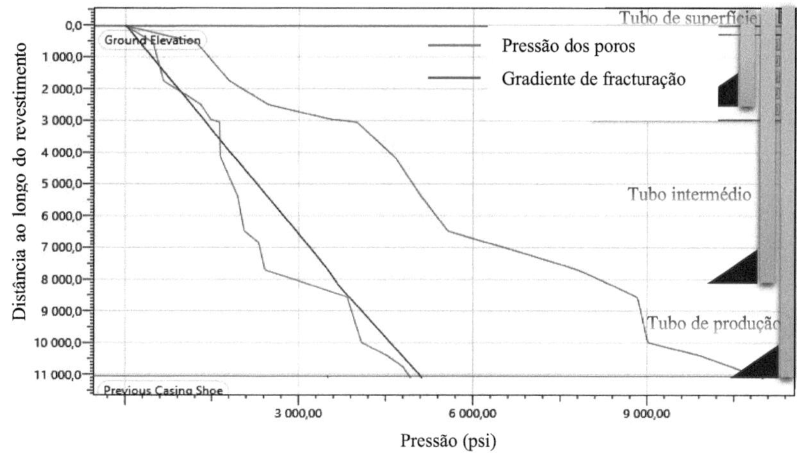

Figura 17 Profundidade de instalação do revestimento

As profundidades de sapata mostradas na figura 16 são o resultado de uma análise da curva de gradiente de fracturação da formação. A profundidade de ajuste para o revestimento de superfície é de 2.296,6 ft, a da secção intermédia é de 8.208,7 ft e de 11.056,4 ft para o revestimento de produção.

III.3.2 Seleção do diâmetro do revestimento

TMO diâmetro do revestimento foi selecionado com base nas normas API disponíveis no Drilling Handbook e utilizando o software CasingSeat . A seleção foi feita a partir das secções de menor diâmetro para as de maior diâmetro. O resultado da seleção do diâmetro do revestimento para cada secção é apresentado na Tabela 4 :

Tabela 4 Dimensões dos invólucros

Secção	Comprimento (ft)	Diâmetro (pol.)
Aluguer de condutores	0 - 213,36	20"
Enchimento de superfície	0 - 2296,6	13 3/8"
Aluguer intermédio	0 - 8208,7	9 5/8"
Aluguer de produção	0 - 11056,4	7"

La détermination de la profondeur des sabots et du diamètre de casing nous a permis de concevoir l'architecture du puits Doketi-1 telle que présentée sur la figure 17.

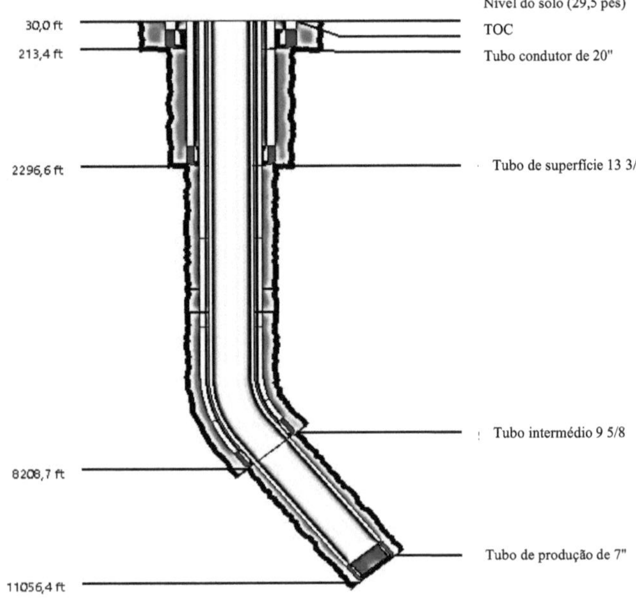

Figura 18 Arquitetura do poço Doketi-1 (A4-1)

III.3.3 Seleção do tipo de revestimento

Como já foi referido, a determinação do tipo de revestimento requer um estudo aprofundado das tensões mecânicas a que será sujeito. Os principais factores considerados neste estudo são: pressão de rotura, pressão de esmagamento e carga axial devida ao peso da coluna de revestimento. Será feita uma interpretação das curvas de tensão para o revestimento intermédio, dado que o método de análise é o mesmo para todas as secções do revestimento.

Seleção do grau de revestimento intermédio :

Esta secção, também conhecida como "zona problemática", é o local onde ocorrem fenómenos que são geralmente a causa de muitos problemas durante a perfuração. A seleção do revestimento adequado para esta secção é, portanto, uma tarefa delicada.

- **Pressão de rutura**

São as tensões exercidas nas paredes internas dos invólucros pelos fluidos que contêm.

A figura 18 mostra a variação da pressão de rebentamento em função da profundidade.

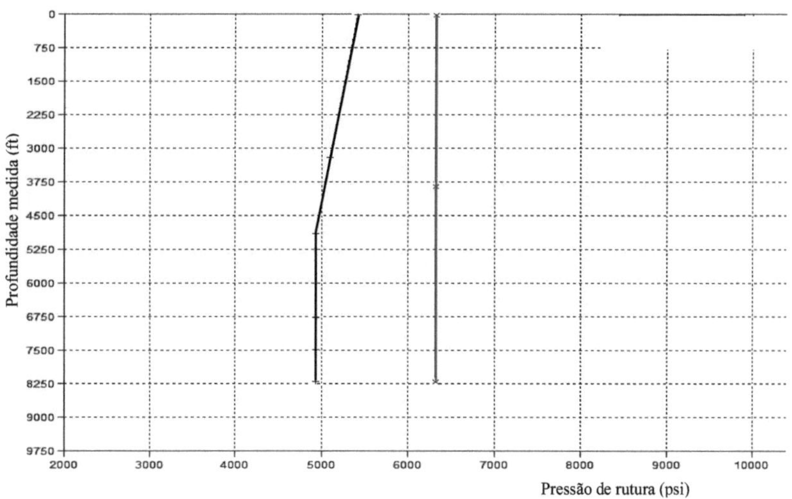

Figura 19P ressão de rutura com um fator de segurança de 1, 7

A Figura 18 mostra que a pressão de rotura é mais elevada na parte superior da coluna de revestimento, o que se deve ao facto de a pressão da formação ser geralmente baixa à superfície. A determinação desta restrição pressupõe um cenário em que a pressão da formação é máxima (por exemplo, um influxo de fluido); desta forma, o valor obtido será tal que o revestimento pode suportar a pressão de rotura máxima. A Figura 18 mostra uma pressão de rebentamento de cerca de 7.927 psi (curva vermelha) correspondente a um grau de aço L-80.

- **Pressão de esmagamento**

A pressão de esmagamento corresponde às tensões exercidas nas paredes externas da coluna de revestimento pelos fluidos presentes no espaço anular; é, portanto, máxima na sapata do revestimento e quase nula em direção à superfície. Para a determinar, assumimos que a coluna de revestimento está quase vazia (perda de fluido na formação); desta forma, o valor obtido será tal que o revestimento pode suportar a pressão de esmagamento máxima.

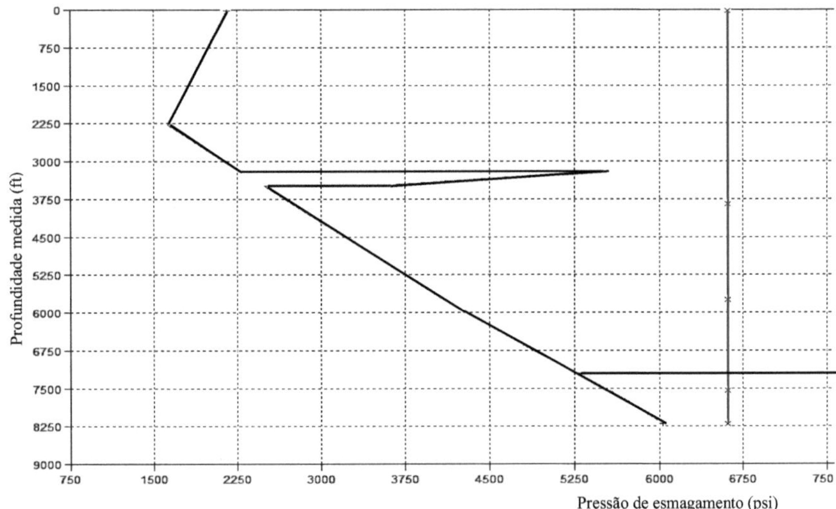

Figura 20P ressão de esmagamento com um fator de segurança de 1. 37

A Figura 19 mostra uma pressão de esmagamento de aproximadamente 6.617 psi (curva vermelha). Corresponde à classe de aço L-80.

- **Carga axial**

Esta é a tensão de tração devida ao peso da própria coluna de revestimento. Esta tensão é geralmente contrabalançada pela flutuabilidade, mas é por vezes significativa.

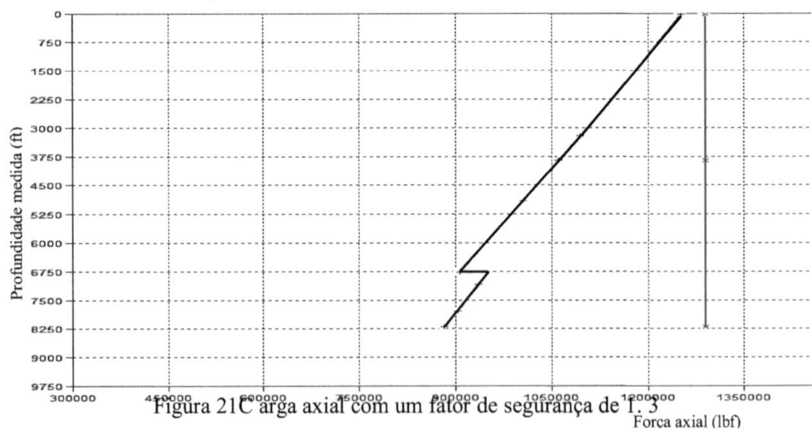

Figura 21C arga axial com um fator de segurança de 1. 3

A Figura 20 mostra uma carga axial de aproximadamente 1.350.000 psi (curva vermelha). Corresponde à classe de aço N-80.

O quadro 5 resume as caraterísticas mecânicas de cada secção de revestimento.

Tabela 5 Resumo dos graus da secção de revestimento de acordo com as tensões

Secção	MD (ft)	Diâmetro externo (pol.)	Rebentamento (psi)	Esmagamento (psi)	Tensão axial (lbf)	Grau
Condutor	0 - 213,36	20"	1 533	515,47	1076706	H-40
Superfície	0 - 2296,6	13 3/8"	4082,24	2 101,75	1263938	K-55
Intermediário	0 - 8208,7	9 5/8"	7 927	6 617	1004719	N-80
Produção	0 - 11056,4	7"	18 437,50	19 295,41	1485149	N-80

III.4 Seleção do cimento

A técnica de cimentação utilizada é a cimentação primária. Tal como mencionado no Capítulo 1, o seu objetivo é isolar as formações, proteger e fixar o revestimento no poço, evitar o colapso das paredes do poço, proporcionar uma vedação firme e uma âncora para o equipamento da cabeça do poço e proteger o revestimento da corrosão pela água da formação rica em sulfatos. A densidade do fluido de cimentação foi definida de modo a não exceder a pressão de fracturação da formação. O programa de cimentação do poço Doketi-1 foi efectuado em 3 fases, cada uma utilizando fluidos de cimentação com propriedades diferentes.

Tabela 6R esumo da seleção de cimento

Fase	Classe	^{3}Massa Vol. (g/cm)	Velocidade do tráfego (m/ft)	Aditivos	Resistência aos sulfatos
Superfície	G	1,85	1 à 1,3	Reforço de 5%.	Média
Intermediário	G	1,60	1 à 1,3	Dispersante 0,2	Média
Produção	G	1,50	1 à 1,3	1,2% dessecante	Elevado

III.5 Seleção da ferramenta de perfuração e do conjunto de fundo de poço

Cada fase do programa de perfuração corresponde a um conjunto de fundo de poço, cujas caraterísticas dependem da litologia, do diâmetro da secção do poço a perfurar, da trajetória de perfuração, etc. O programa de perfuração do poço Doketi-1 está, portanto, subdividido em 3 fases, correspondendo cada uma delas a um determinado diâmetro de furo e a um conjunto de furos.

Secção	MD (ft)	Diâmetro (pol.)	Tipo	Montagem do furo inferior
Superfície	2296,6	17 1/2"	TMT	Broca, Motor, Estabilizador, UBHO, DC, HWDP, DP
Intermediário	8208,7	12 1/4"	PDC	Broca, Motor, Estabilizador, UBHO, NMDC, DC, HWDP, DP
Produção	11056,4	8 1/2"	PDC	Bit, Motor, Flutuador, UBHO, NMDC, DC, HWDP, DP

Tabela 7 Seleção de ferramentas e montagem no fundo do poço

III.6 Programa de lamas de perfuração

O programa de lamas de perfuração para o poço Doketi-1 foi elaborado tendo em conta a natureza das formações através das quais o poço terá de passar, a pressão dos poros e o gradiente de fracturação da formação. Como cada secção do poço é caracterizada por uma determinada litologia e pressão de formação, dividimos o programa de lamas em 4 fases:

- **A área da secção transversal do tubo condutor** :

Como esta secção é instalada por compactação, não requer a utilização de lama, pelo que a circulação de água doce é uma solução eficaz para a limpeza do furo.

- **A secção de superfície :**

Para esta secção, foi escolhida uma pasta à base de água com uma densidade que varia entre 1,03 e 1,08 g/cm^3 foi escolhida. Este peso de lama, que se enquadra na janela de lama determinada acima, exercerá pressão suficiente para contrabalançar a pressão dos poros sem fraturar a formação.

- **A secção intermédia :**

A secção intermédia deve ser perfurada utilizando uma lama mais densa à base de água com uma densidade entre 1,08 e 1,2 g/ml.cm^3.

- **A secção de produção :**

[3]Devido à elevada pressão nesta secção, esta terá de ser perfurada com uma lama mais densa do que a utilizada nas duas fases anteriores, ou seja, uma densidade entre 1,2 e 1,3 g/cm . Esta lama produzirá uma pressão hidrostática suficiente para manter os fluidos na formação sem fraturar a rocha. A Figura 21 mostra a janela de lamas a partir da qual o programa de lamas de perfuração foi desenvolvido.

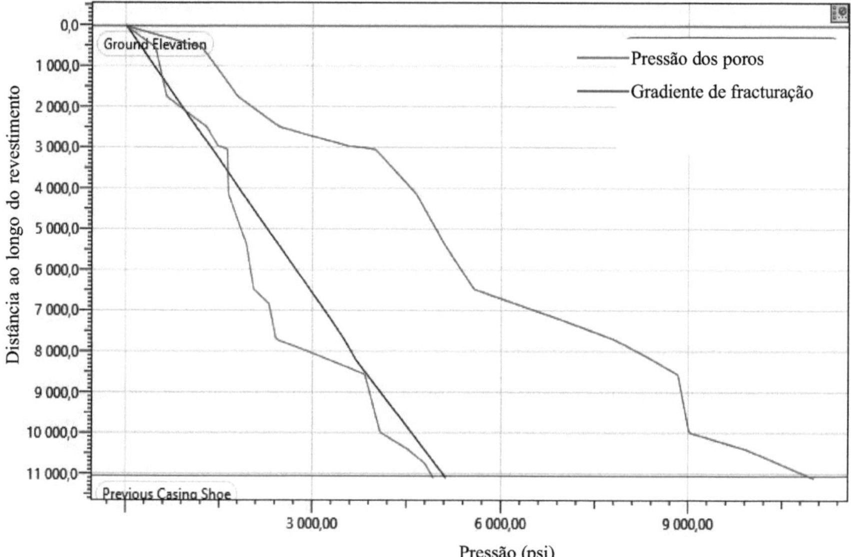

Figura 22 Janela da lama de perfuração

No entanto, é de notar que as propriedades das formações e dos fluidos nelas contidos variam com a profundidade, razão pela qual é necessário adicionar uma série de aditivos químicos ao fluido de perfuração para otimizar a sua eficácia e minimizar os problemas de perfuração relacionados com a incompatibilidade da lama. O quadro 8 resume o programa de lamas de perfuração:

Mesa 8 Programa de lamas para o poço Doketi-1 (A4-1)

Secção	Profundidade (ft)	Tipo	Massa Vol. (g/cm^3)	pH	Viscosidade (cp)	Rendimento (lbs/100ft^2)
Condutor	213,36	Água doce	1	7,5	1	————
Superfície	2296,6	Água	1,03 - 1,08	8 - 9	15 - 30	10 - 30

Intermediário	8208,7	Água	1,08 - 1,2	8 - 9	15 - 30	10 - 30
Produção	11056,4	Água	1,2 - 1,3	8,5 - 10	15 - 30	10 - 30

III.7 Programa de controlo do poço

O objetivo deste programa é dimensionar o equipamento principal de controlo do poço, capaz de conter a pressão do fluido no poço em caso de um kick. Este equipamento é selecionado com base na pressão máxima que pode ser encontrada no poço. A principal peça de equipamento a ser dimensionada aqui é a pressão de operação do BOP. Esta corresponde à pressão máxima que o BOP é capaz de conter no poço. De acordo com as normas do "Well Control Regulation of Oil and Gas Drilling" (CNPC), a pressão de funcionamento do BOP deve ser pelo menos 10% superior à pressão máxima que poderá ser encontrada no poço. Dada a pressão máxima de formação (4.800 psi), a pressão de funcionamento do BOP foi estimada em 5.280 psi.

III.8 Tempo estimado de perfuração

TM A duração da perfuração do poço Doketi-1 foi estimada com o software WellCost utilizando o método de Monte Carlo (método probabilístico). Com as fases, as actividades e os riscos susceptíveis de provocar perdas de tempo previamente definidos, o software permitiu gerar uma duração para cada fase, correspondendo cada uma delas a um determinado grau de probabilidade.

A Tabela 9 mostra as fases e actividades que compõem o programa de perfuração:

Tabela 9 Fases e actividades do programa de perfuração

Fase	Atividade	Profundidade (ft)		Tempo determinístico		Tempo provável	
		De	À	Hr	Dias acumulados	Hr	Dias acumulados
PERFURAÇÃO DA SECÇÃO DE SUPERFÍCIE	Problemas relacionados com o pessoal	0,0	0,0	0,00	0,00	60,64	5,80
	Debulhar o condutor	29,5	29,5	24,00	1,00	24,54	6,82
	Descendo o garnit.	40,0	40,0	1,57	1,07	1,56	6,89
	Debulhar o condutor	40,0	40,0	3,60	1,22	3,63	7,04
	Perda de circulação	0,0	0,0	0,00	4,35	0,51	9,35
	Distorção do caule	0,0	0,0	0,00	4,35	0,30	9,37
	Encravamento da haste	0,0	0,0	0,00	4,35	1,44	9,43
	Remontagem da guarnição.	2 296,6	2 296,6	0,00	4,35	0,00	9,43
REVESTIMENTO E CIMENTAÇÃO DA SECÇÃO DE SUPERFÍCIE	Preparação do equipamento de revestimento e cimentação	2 296,6	2 296,6	1,57	4,41	1,57	9,49
	Tubagem	2 296,6	2 296,6	24,00	5,41	22,91	10,45
	Cimentação	2 296,6	2 296,6	24,00	6,41	24,48	11,47
	Fixação do cimento	0,0	0,0	0,00	6,41	1,50	11,53
	Instalação e teste de pressão do BOP	2 296,6	2 296,6	24,00	7,41	24,05	12,53
PERFURAÇÃO DA SECÇÃO INTERMÉDIA	Descendo o garnit.	2 296,6	2 296,6	1,57	7,48	1,57	12,60
	Perda de circulação	0,0	0,0	0,00	17,17	0,56	19,36
	Distorção do caule	0,0	0,0	0,00	17,17	0,35	19,38

	Bloqueio da haste	0,0	0,0	0,00	17,17	1,61	19,45
	Remontagem da guarnição.	8 208,7	8 208,7	0,00	17,32	0,00	19,60
REVESTIMENTO E CIMENTAÇÃO DA SECÇÃO INTERMÉDIA	Preparação do equipamento de revestimento e cimentação	8 208,7	8 208,7	1,57	17,39	1,58	19,66
	Tubagem	8 208,7	8 208,7	72,00	20,39	71,01	22,62
	Cimentação	8 208,7	8 208,7	48,00	22,39	48,16	24,63
	Fixação do cimento	0,0	0,0	0,00	22,39	1,49	24,69
	Instalação e teste de pressão do BOP	8 208,7	8 208,7	24,00	23,39	23,99	25,69
PERFURAÇÃO NA SECÇÃO DE PRODUÇÃO	Descendo o garnit.	8 208,7	8 208,7	1,57	23,45	1,58	25,76
	Perda de circulação	0,0	0,0	0,00	23,45	0,60	28,21
	Fixação do cimento	0,0	0,0	0,00	23,45	0,31	28,22
	Encravamento da haste	0,0	0,0	0,00	23,45	1,52	28,29
	Remontagem da guarnição.	11 056,4	11 056,4	0,00	23,45	0,00	28,29

A perfuração do poço Doketi-1 será efectuada em 3 fases principais: a fase de superfície, a fase intermédia e a fase de produção. O fluxograma apresentado na Figura 22 descreve a sequência das várias fases e actividades que constituem o programa de perfuração do poço Doketi-1.

O gráfico da Figura 22 mostra a progressão vertical do furo em função do tempo.

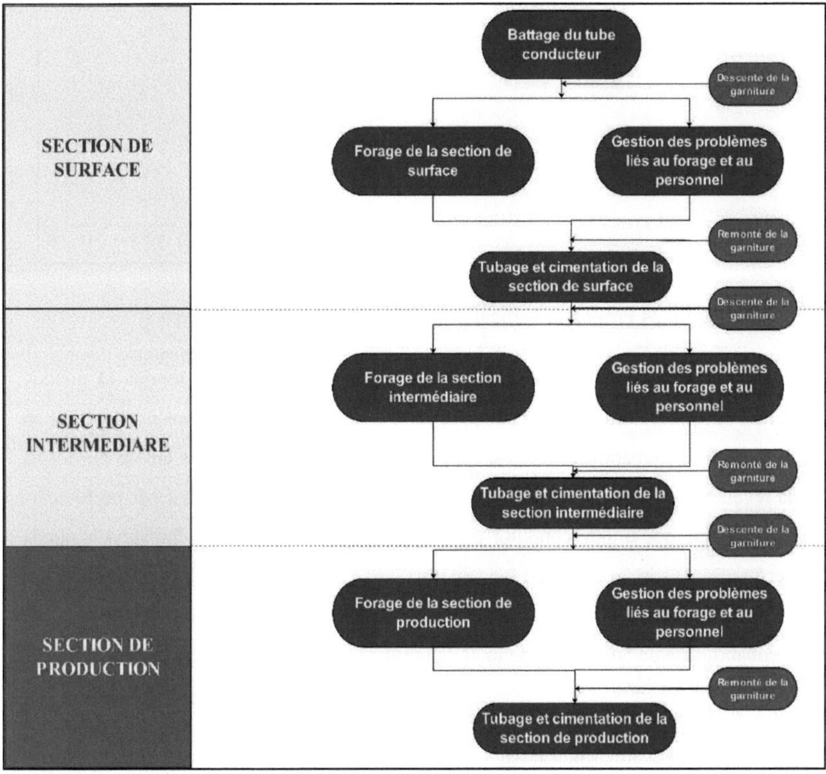

Figura 23 Fluxograma das fases e actividades

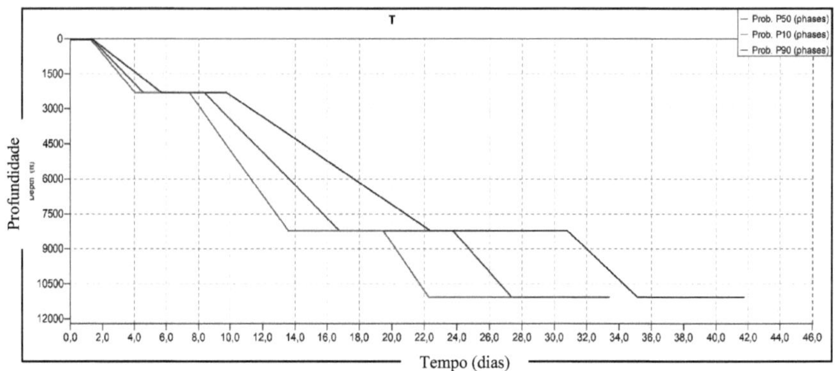

Figura 24 Progresso vertical da perfuração em função do tempo

Este gráfico descreve a evolução vertical do furo em função do tempo. O método probabilístico de Monte Carlo foi utilizado para gerar 3 curvas, cada uma correspondendo a um determinado grau de probabilidade (10%, 50% e 90%). O aparecimento das curvas em forma de escada revela quatro níveis de profundidade correspondentes às quatro fases de perfuração. A primeira fase, em que o tubo condutor é compactado, tem a duração de 5 dias. A segunda fase de perfuração da secção de superfície tem uma duração de 7 dias, a secção intermédia tem uma duração de 12 dias e a secção de produção tem uma duração de 8 dias. Assumindo um nível de probabilidade de 50%, o tempo total de perfuração é estimado em cerca de 33,39 dias.

III.9 Estimativa do custo da perfuração e elaboração do orçamento

A avaliação do custo da perfuração é uma fase crucial do programa de perfuração. Ajuda a determinar as necessidades de cada fase de perfuração, a estabelecer o orçamento e a planear eficazmente as despesas durante a execução do programa. Uma boa estimativa do custo de perfuração permitirá, por conseguinte, uma melhor gestão dos recursos da empresa.

TM Como parte deste trabalho, o custo da perfuração foi estimado utilizando o software WellCost. Este software incorpora métodos de cálculo probabilísticos para estimar o custo do projeto com base nas informações introduzidas. TM Na sua configuração por defeito, o WellCost divide as necessidades do programa de perfuração em 2 grupos: custos tangíveis e custos intangíveis.

- **Custos tangíveis**

Os custos tangíveis de perfuração correspondem ao equipamento, como a cabeça do poço, os invólucros, etc., utilizados diretamente no poço. Os custos tangíveis do programa de perfuração do poço Doketi-1 são constituídos por :

- Conduzir o tubo condutor, que custa 4.800 dólares (menos de 1%);
- Enrocamento à superfície, 235.008 dólares (18%) ;
- Revestimento intermédio, 120.500 dólares (9%);
- Revestimento de produção, $616.200 (48%) ;
- A cabeça do poço, $300.000 (24%).

Assim, assumindo uma probabilidade de 50%, o valor acumulado dos custos tangíveis ascende a $1.276.510, ou 21% do custo total da perfuração. A Figura 23 apresenta a repartição dos custos tangíveis e as percentagens correspondentes.

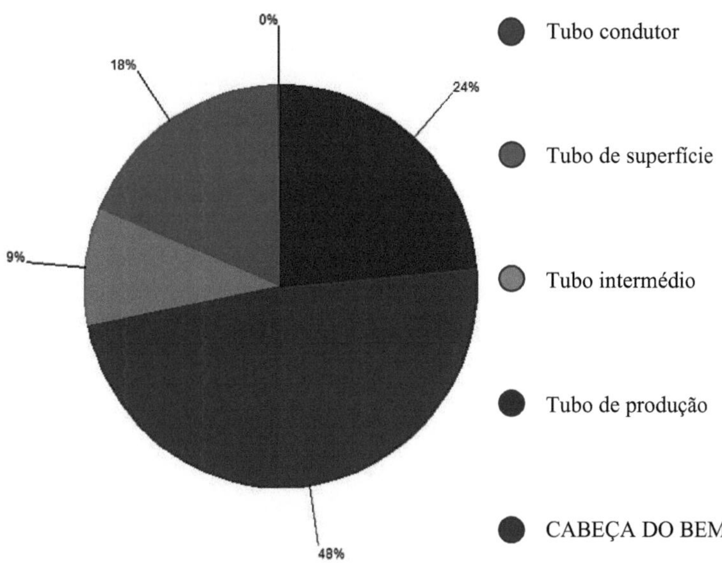

Figura 25 Estimativa probabilística dos custos tangíveis

- **Custos intangíveis**

Os custos intangíveis de perfuração incluem uma gama mais vasta de categorias, essencialmente serviços de lama, cimentação, testes, registo, combustível, etc. Tal como os custos tangíveis, estes custos foram avaliados utilizando o método probabilístico de Monte Carlo. Assumindo uma probabilidade de 50%, os custos intangíveis foram estimados em \$4.873.710, ou 79% das despesas totais do projeto. A Figura 24 apresenta a repartição dos custos intangíveis e as percentagens correspondentes.

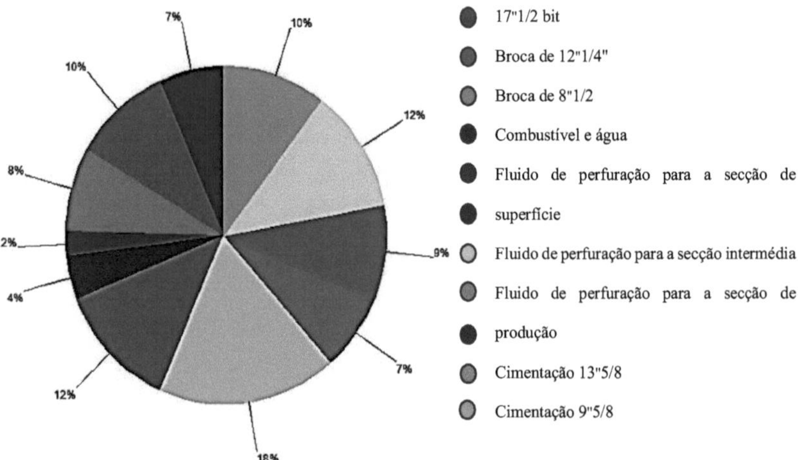

Figura 26 Estimativa probabilística dos custos intangíveis

Par ailleurs, la profondeur du forage à un impact important sur le coût global du forage. Une représentation du coût en fonction de la progression du forage permet d'avoir un meilleur aperçu des dépenses requises à chaque phase du programme.

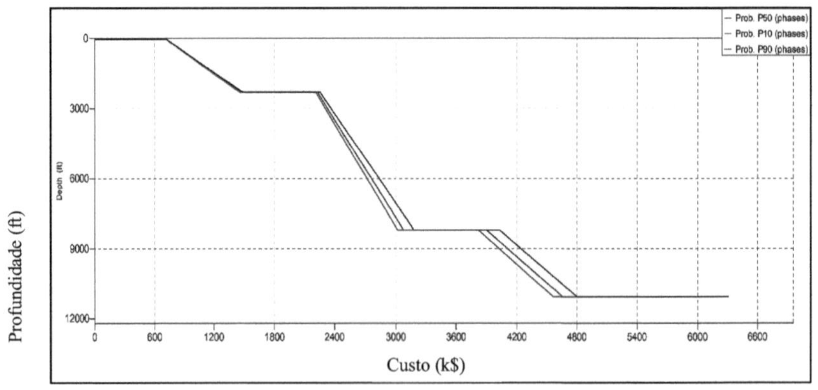

Figura 27 Evolução dos custos de perfuração em função do progresso da perfuração vertical

A análise do gráfico da figura 25 revela 3 curvas em forma de escada, cada uma correspondendo a uma determinada probabilidade (10%, 50%, 90%). Distinguem-se quatro níveis de profundidade constante, correspondentes ao final de cada fase de perfuração. Verifica-se também que as curvas de probabilidade alta (90%) correspondem a custos mais elevados, enquanto as curvas de probabilidade baixa (10%) correspondem a custos de perfuração mais baixos, pois é mais provável concluir o projeto com um custo mais elevado do que com um custo mais baixo.

A tendência das despesas com a perfuração do poço Doketi-1 em função do tempo é mostrada na Figura 26.

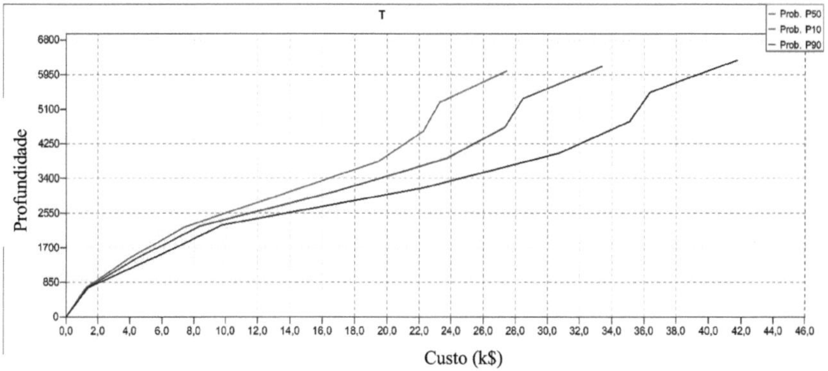

Figura 28 Gráfico que mostra a variação das despesas ao longo do tempo.

O gráfico acima mostra 3 curvas, cada uma correspondendo a uma determinada taxa de probabilidade: 10%, 50% e 90%. [er]Podemos observar um rápido aumento das despesas a partir do primeiro dia do projeto. Este gráfico fornece informações cruciais para planear e gerir as despesas ao longo do projeto.

A Autorização de Despesas (AFE) é um documento orçamental geralmente elaborado pelo operador para indicar as despesas previstas para a perfuração. Uma vez elaborado, este documento deve ser entregue aos parceiros para aprovação antes do início das operações. Este documento resume todas as fases e actividades que compõem o programa, bem como as durações e custos associados. Com base nos resultados deste trabalho, o custo total médio da perfuração do poço Doketi-1 pode ser estimado em $6.150.216 com uma taxa de probabilidade de 50%. A Tabela 10 apresenta um resumo dos custos e durações correspondentes a cada fase do programa de perfuração.

Mesa 10 Resumo dos custos estimados para o programa de perfuração de Doketi-1

CLASSE	DESCRIÇÃO	BATCON	FOSUR	TUBSUR	FOINT	TUBINT	FOROD	TESTE	TUBPRO	Total
CUSTOS INTANGÍVEIS	TREPAN 17"1/2	40,000	40,000	40,000	40,000	40,000	40,000	40,000	40,000	320,000
	TRAP 12"1/4	60,000	60,000	60,000	60,000	60,000	60,000	60,000	60,000	480,000
	8"1/2 TRIPAN	50,000	50,000	50,000	50,000	50,000	50,000	50,000	50,000	400,000
	COMBUSTÍVEL E ÁGUA	4,730	11,211	13,268	29,450	24,446	12,608	3,931	17,221	116,864
	SURF DE LAMA DE PERFURAÇÃO.	25,000	25,000	25,000	25,000	25,000	25,000	25,000	25,000	200,000
	LAMA DE PERFURAÇÃO INT.	75,000	75,000	75,000	75,000	75,000	75,000	75,000	75,000	600,000
	LAMA DE PERFURAÇÃO PRODUTIVA.	110,000	110,000	110,000	110,000	110,000	110,000	110,00	110,000	880,000
	CIMENTAR O SURF.	45,000	45,000	45,000	45,000	45,000	45,000	45,000	45,000	360,000
	INT. CIMENTAÇÃO	55,000	55,000	55,000	55,000	55,000	55,000	55,000	55,000	440,000
	PRODUTO DE CIMENTAÇÃO.	72,000	72,000	72,000	72,000	72,000	72,000	72,000	72,000	576,000
	DIVERSÃO DO BEM	20,270	48,046	56,863	126,213	104,767	54,034	16,846	73,805	500,844
CUSTOS INTANGÍVEIS TOTAIS ($)		556,999	591,257	602,131	687,663	661,213	598,642	552,77	623,026	**4,873,708**
CUSTOS TANGÍVEIS	TUBO CONDUTOR	600	600	600	600	600	600	600	600	4,800
	TUBO DE SUPERFÍCIE	29,376	29,376	29,376	29,376	29,376	29,376	29,376	29,376	235,008
	TUBO INTERMÉDIO	15,063	15,063	15,063	15,063	15,063	15,063	15,063	15,063	120,500
	TUBO DE PRODUÇÃO	77,025	77,025	77,025	77,025	77,025	77,025	77,025	77,025	616,200
	CABEÇA DO BEM	37,500	37,500	37,500	37,500	37,500	37,500	37,500	37,500	300,000
CUSTOS TANGÍVEIS TOTAIS ($)		159,564	159,564	159,564	159,564	159,564	159,564	159,564	159,564	**1,276,508**
TOTAL ($)		716,563	750,820	761,694	847,226	820,777	758,206	712,34	782,589	**6,150,216**

Conclusão

O objetivo deste capítulo é apresentar os resultados obtidos através da aplicação dos métodos e técnicas descritos no capítulo anterior. Os resultados mostram que a conceção de um programa de perfuração ao custo mínimo envolve necessariamente um conjunto de etapas bem definidas, incluindo o dimensionamento da sonda, a conceção da trajetória de perfuração, o dimensionamento do revestimento, a conceção do programa de lamas de perfuração, a seleção das brocas e dos conjuntos de fundo de poço, a conceção do programa de controlo do poço e a estimativa do tempo e do custo de perfuração. No entanto, para efeitos deste trabalho, o programa de perfuração foi concebido para atingir um custo mínimo, cumprindo simultaneamente as medidas de segurança estabelecidas na proposta do poço.

CONCLUSÃO GERAL

O objetivo era conceber um programa fiável de perfuração desviada para o poço Doketi-1 (A4-1) na Bacia de Doba que cumprisse as normas da CNPC (China National Petroleum Corporation) e elaborar o respetivo orçamento. No entanto, o planeamento da perfuração é uma tarefa complexa que requer competências multidisciplinares. A fim de desenvolver este programa de perfuração de forma mais eficaz, foi efectuado um estudo de cada componente do sistema de perfuração. Para assegurar a segurança dos trabalhadores e garantir um desempenho ótimo da perfuração, foram selecionados os seguintes componentes: um guincho de 1.290,6 HP, 3 bombas de lama triplex com uma potência individual de 1.102,7 HP, uma potência de rotação de 1.456,89 HP e uma torre de 45,5 m de altura.

O programa de perfuração propriamente dito foi subdividido em 5 subprogramas e as caraterísticas de cada subprograma foram selecionadas da seguinte forma

O programa de revestimento: O tubo condutor (diâmetro 20", grau H-40, profundidade da sapata 213,36 pés), o revestimento de superfície (diâmetro 13 3/8", grau K-55, profundidade da sapata 2.296,6 pés), o revestimento intermédio (diâmetro 9 5/8", grau N-80, profundidade da sapata 8.208,7 pés) e o revestimento de produção (diâmetro 7", grau N-80, profundidade da sapata 11.056,4 pés).

Programa de cimentação: Cimento de classe G com uma densidade de 1,85 g/cm^3 para a secção de superfície, cimento de classe G com uma densidade de 1,60 g/cm^3 para a fase intermédia e cimento de classe G com uma densidade de 1,50 g/cm^3 para a secção de produção.

O programa de lamas: circulação de água para o tubo condutor, uma lama à base de água com uma densidade entre 1,03 e 1,08 g/cm^3 para a secção de superfície, uma lama à base de água com uma densidade entre 1,08 e 1,2 g/cm3 para a fase intermédia e uma lama à base de água com uma densidade entre 1,2 e 1,3 g/cm^3 para a secção de produção.

O programa de ferramentas: uma ferramenta do tipo TMT com um diâmetro de 17 1/2" para a secção de superfície, uma ferramenta do tipo PDC com um diâmetro de 12 1/4" para a secção intermédia e uma ferramenta do tipo PDC com um diâmetro de 8 1/2" para a secção de produção.

Programa de controlo do poço: Um preventor de explosão do poço (BOP) com uma pressão de trabalho de 5.200 psi.

Além disso, foi efectuada uma estimativa da duração e do custo da perfuração com vista à elaboração de uma autorização de despesas. Esta estimativa mostrou que a perfuração do poço Doketi-1 (A4-1) demoraria 33,39 dias a um custo total de $6.150.216, em comparação com os poços geralmente perfurados na Nigéria em condições quase semelhantes, que custam $25.000.000 para uma duração total de 83 dias.

BIBLIOGRAFIA

Azar J. (2004). Perfuração de petróleo e gás natural. *Enciclopédia da Energia*, Vol. 4, p. 35-58.

Baaziz A. (2014). A informação de patentes para a indústria de petróleo e gás: Estudo de caso do projeto de brocas e otimização por reversão. *Revista de Sistemas de Informação e Gestão de Tecnologia*, Vol. 11, p. 645-671.

Enriquez R. (2019). Desenvolvimento de novas lamas de perfuração de alto desempenho para aplicações em óleo de alta pressão e alta temperatura. Tese, Universidade de Durham, 144 p.

Farah O. (2013). Conceção de poços direcionais, trajetória e cálculos de levantamento, com um estudo de caso em Fiale, Asal rift, Djibouti. *Universidade das Nações Unidas*, n.º 27 pp. 627-634.

Faridah S. (2021). Uma revisão técnica sobre a nova formulação. Tese, Universidade de Baze, 143 p.

Ferreira L. (2018). Desenvolvimento do índice de dificuldade direcional melhorado. Tese, Universidade de Lisboa, 86 p.

Hossain E. (2015). Estimativa de custos de perfuração para poços de hidrocarbonetos. *Jornal de Engenharia de Energia Sustentável*, Vol. 3, pp. 12-22.

Hussein A. e Fahad A. (2020). Otimização de trajectórias e perfis de poços desviados e horizontais no campo petrolífero de Rumaila. *Journal of Petroleum Research and Studies*, Vol. 10, N° 2, p. 19-32.

Kilian D. (2007). Projeto de revestimento para poços profundos na bacia de Viena. Tese, Universidade de Minas de Leoben, 79 p.

King G. (2020). Introdução à engenharia de petróleo e gás natural. E-Educação [Online]. [Acedido em 18/06/2022]. Disponível em https://www.e-education.psu.edu/png301/sites/www.e-education.psu.edu.png301/files.

Kruszemski M. (2017). Projeto de revestimento de poços finos para exploração geotérmica de alta temperatura e avaliação de reservatórios. Tese, Universidade de Stavanger, 84 p.

Lavoisy O. (2022). Primeiro poço de petróleo. Encyclopaedia Universalis [Online]. [Acedido em 21/06/2022]. Disponível em https://www.universalis.fr/encyclopedie/premier-puits-de-petrole.

Louis P. (1970). Contribution géophysique a la connaissance géologique du bassin du Lac Tchad. Relatório, Gabinete de Investigação Científica e Técnica de Outre-Mer, 355 p.

Mele K. (2021). O principal problema da Nigéria é o custo dos poços. Africa Oil and Gas Report [Online]. [Acedido em 26/06/2022]. Disponível em https://africaoilgasreport.com/2021/04/partner-content.

Neal A. (2006). Petroleum engineering handbook. A complete Well Planning Approach. Oklahoma: PennWell Publishing Company. 719 p.

Nedilik G. (2021). Projeto de fluido de perfuração e de pasta de cimento. *Ciências Aplicadas*, p. 7-14.

Nelson E. (2012). Fundamentos da cimentação de poços. *Oilfield Review*, Vol. 24, p. 18-35.

Samba P. (2018). Curso de controlo de poços. Escola de Geologia e Minas da Universidade de Ngaoundéré, 70 p.

Wolfgang P. (2016). Engenharia de perfuração. Tese, Curtin University of Technology, 282 p.

Zenabou L. (2018). Conceção de poços: um caso do poço KTM Z no campo petrolífero de Douala. Dissertação, Escola de Geologia e Engenharia de Minas da Universidade de Ngaoundere, 44 p.

APÊNDICES

Apêndice 1: Tabela de classificação dos bits

1		2	
Série		Tipo de formação	
Dentes de aço	1	Concurso	1
			2
			3
			4
	2	Médio	1
			2
			3
			4
	3	Competente	1
			2
			3
			4
Dentes de carboneto de tungsténio	4	Concurso	1
			2
			3
			4
	5	Suave a médio	1
			2
			3
			4
	6	Médio	1
			2
			3
			4
	7	Competente	1
			2
			3
			4
	8	Muito competente	1
			2
			3
			4

3	
Tipo de rolamento/vedação	
1	Rolamento de rolos standard
2	Rolamento de rolos arrefecido a ar standard
3	Rolamento de rolos standard com proteção de calibre
4	Rolamento de rolos vedado
5	Rolamento de rolos vedado com proteção do calibre
6	Rolamento de rolos vedado com proteção do calibre
7	Rolamento de fricção selado com proteção do calibre

4	
Caraterísticas adicionais	
A	Aplicação pneumática,
B	Vedação especial da chumaceira
C	Jato central
D	Controlo dos desvios
E	Jato prolongado
G	Gabarito adicional
H	Pedido de desvio
J	Deflexão do jato
L	Rolamento muito próximo do diâmetro do calibre
M	Aplicação do motor de fundo de poço
S	Modelo standard com dentes de aço
T	Broca de duplo cone
W	Estrutura de corte melhorada
X	Dentes de cinzel
Y	Dentes cónicos
Z	Outras formas de dentes

Apêndice 2: Seleção de brocas API e modelo de revestimento (Kruszemski, 2017)

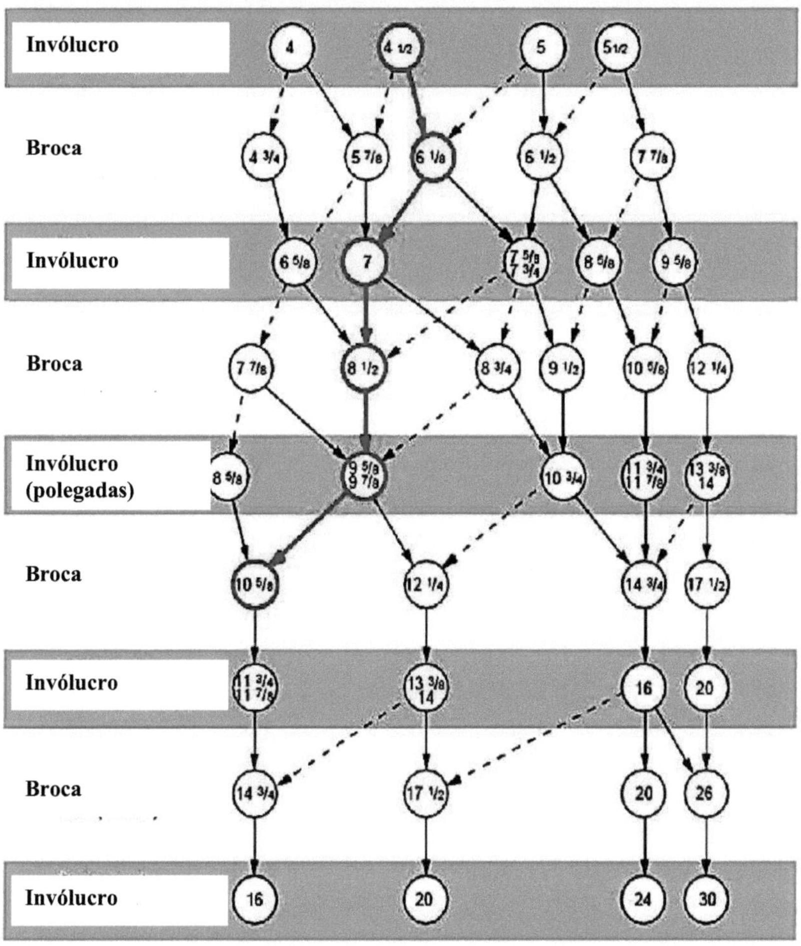

Apêndice 3: Dados geométricos para a trajetória do poço

MD (ft)	INC (°)	AZ (°)	TVD (ft)	DLS (°/100 pés)	Desvio (ft)
200	0	360	200	0	0
1000	0	360	1000	0	0
1700	0	360	1700	0	0
2300	0	360	2300	0	0
3000	0	360	3000	0	0
3700	0	360	3700	0	0
4500	0	360	4500	0	0
5300	0	360	5300	0	0
5900	0	360	5900	0	0
6779	0	360	6779,2	0	0
7300	15,62	169,02	7293,6	3	70,6
7700	27,62	169,02	7664,7	3	217,7
8100	39,04	169,02	7997,3	0	438,7
8600	39,04	169,02	8385,6	0	753,6
9200	39,04	169,02	8851,6	0	1131,6
9800	39,04	169,02	9317,7	0	1509,5
10300	39,04	169,02	9706	0	1824,4
10800	39,04	169,02	10094,4	0	2139,3
11111,4	39,04	169,02	10336,3	0	2335,5

Apêndice 4: Dados de base do projeto

Dados de base	**Nome**	**Doketi-1 A4**	**Bypass**		**Tipo de poço**	**Poços de exploração**
		Elevação do solo			375m	
	Dados de contacto	E: 341669.43m; N: 997848.50m				
	RKB	9.0				
Dados direcionais	Objectivos	Kedeni Fm, Mangara Fm				
		Formação	Coordenadas do alvo (m)		Profundidade do alvo (m)	Profundidade proposta (m)
	Superfície		341669.43	997848.5		
	Objetivo 1	Kedeni	341700.06	997690.68	2470.92	2504.32
	Objetivo 2	Mangara Fm	341741.06	997479.71	2754.6	2860.28
	TD		341802.57	997163.55	3150.49	3370
	Taxa de inclinação	Secção (m)	Taxa de variação do ângulo total			
		0~1000	≤ 1.6°/30m			
		>1000~2000	≤ 2.0°/30m			
		>2000~3000	≤ 3.0°/30m			
		>3000~3370	≤ 4.0°/30m			

yes

I **want** morebooks!

Buy your books fast and straightforward online - at one of world's fastest growing online book stores! Environmentally sound due to Print-on-Demand technologies.

Buy your books online at
www.morebooks.shop

Compre os seus livros mais rápido e diretamente na internet, em uma das livrarias on-line com o maior crescimento no mundo! Produção que protege o meio ambiente através das tecnologias de impressão sob demanda.

Compre os seus livros on-line em
www.morebooks.shop

info@omniscriptum.com
www.omniscriptum.com

Printed by Books on Demand GmbH, Norderstedt / Germany